CATALOGUE

D'UNE RICHE COLLECTION DE TABLEAUX DES PEINTRES LES PLUS CÉLEBRES *DES DIFFÉRENTES ECOLES;*

GOUACHES, Mignatures, Deſſins montés ſous verre & en feuilles, Eſtampes en feuilles, & reliées; Bronzes; Buſtes & Vaſes de marbre, antiques & modernes; Porcelaines; Laque; Meubles précieux de Boule; Pierres gravées, & autres Objets de curioſité;

QUI COMPOSENT LE CABINET

DE M.***

Dont la vente ſe fera le Mercredi, premier Décembre 1779, & jours ſuivans, à trois heures de relevée, à l'ancien Hôtel de Bullion, rue Plâtrière.

Par A. J. PAILLET.

Le préſent Catalogue ſe trouve A PARIS,

Chez { SAUGRAIN & LAMY, Libraires, Quai des Auguſtins.
A. J. PAILLET, Peintre, rue Plâtrière, hôtel de Bullion.

M. DCC. LXXIX.

AVERTISSEMENT.

LA Collection qu'on offre au Public, est la suite d'un goût décidé pour les belles choses qui conduit presque toujours au-delà du but qu'on s'est proposé, & qui multipliant trop les objets, en rend la jouissance onéreuse : cette cause & d'autres circonstances ont déterminé le Possesseur de cette collection à l'exposer en vente. Une partie des Tableaux & autres effets dont elle est composée, ont fait l'ornement des Cabinets les plus connus en France & dans le Pays étranger : on peut ajouter qu'elle a pour les Curieux une espèce de mérite que les autres n'avoient pas ; c'est de former une suite intéressante d'anciens Tableaux depuis le commencement de la Peinture à huile, jusqu'au tems où Raphaël & les grands Maîtres des Ecoles de Bologne & de Florence l'ont portée à sa perfection. On n'a point détaillé dans le Catalogue tous ces monumens informes, mais respectables de l'art de peindre, dont la plus grande partie a été altérée par le tems ; on n'a décrit que ceux à qui leur conservation assure une place dans les

Cabinets des Amateurs ou des Artiſtes célebres : le ſurplus ſera expoſé dans les différentes Vacations.

La Vente commencera le Mercredi, premier Décembre 1779, à trois heures & demie de relevée, à l'ancien Hôtel de Bullion rue Plâtrière, conſtruite nouvellement pour faire les Ventes, & qui réunit à ſa poſition avantageuſe au centre de Paris, une diſtribution commode, & la décoration locale néceſſaire à cet objet.

On verra les Tableaux, Bronzes, &c. les trois jours qui précéderont celui de la Vente, depuis dix heures du matin juſqu'à deux, & chaque jour les articles de la Vacation.

On donnera la veille du premier jour de la Vente, la feuille de diſtribution des numéros qui ſeront vendus juſqu'à la fin.

CATALOGUE

CATALOGUE
DE TABLEAUX,

DESSINS, Bronzes, Marbres, Vases précieux de porphire, Albâtre, Porcelaines montées, Meubles de Boule, & autres objets de curiosité.

TABLEAUX.

ÉCOLE ROMAINE.

PIERRE VANNUTI, dit LE PÉRUGIN.

N°. 1 UN Repos en Egypte; la Vierge vêtue d'une draperie rouge & bleue, allaite l'Enfant Jésus; elle est assise au pied d'un vieux édifice ruiné, au-dessus duquel s'éleve un arbre touffu. Un Paysage agréable & très-fini, enrichi de maisons, fait le fond de ce Tableau peint en 1496. On ne peut en desirer un plus parfait & plus terminé de ce Maître. Sur bois. H. 15 pouces & demi, l. 12.

2 Un Tableau sur bois dans une boëte d'ébene, représentant l'Adoration des Bergers : il est fermé par deux volets peints, sur l'un desquels on voit une vieille femme qui chauffe du linge. Il vient de la Collection de Monseigneur le Prince de Conty. H. 10 p. & demi, l. 7 pouces & demi.

3 Un Paysage montagneux coupé de vallons où l'on voit plusieurs maisons & des figures. Sur bois. H. 6 pouces, l. 9 p. 6 lig.

RAPHAEL SANCIO D'URBIN.

4 Une Tête d'une jeune Femme portant une chemise plissée, & un corset brun. Ce Tableau gravé dans l'Œuvre de ce Maître est sur bois. H. 20 p. l. 16.

5 La Vierge appuyée sur la base d'une colonne, & ayant sur elle l'Enfant Jésus qui tient des cerises : Derriere est un rideau d'un violet foncé, relevé d'une broderie en or. Le lointain offre un Paysage.

Ce Tableau rempli de noblesse dans les caracteres, est dans le genre du Pérugin. Sur bois. H. 30 p. l. 24.

ANDRÉ DEL SARTE.

6 La Vierge assise couverte d'un voile bleu qui tombe sur une robe rouge; elle tient

l'Enfant Jésus qui joue avec Saint Jean-Baptiste: derriere elle sont S. Joseph & S. Zacharie.

L'expression, le dessin & le coloris, rendent très-recommandable ce Tableau, qui a appartenu à la Reine Christine. Sur bois. H. 36 p. l. 24.

7 La Vierge tenant l'Enfant Jésus. Ce Tableau, plein de caractere, est attribué à André del Sarte. Sur bois. H. 10 p. l. 7.

JULES PIPI, dit LE ROMAIN.

8 Un Tableau attribué à Jules Romain, représentant un trait de justice de l'Empereur Trajan décrit au bas du Tableau avec la date de 1550. Sur bois. H. 31 p. l. 39.

9 Un Tableau enlevé sur bois & remis sur toile, attribué au même, représentant Cléopâtre qui se fait piquer par un aspic. H. 22 p. l. 16.

10 Une copie en grisaille par Sébastien Bourdon, d'après une peinture à fresque de Jules Romain, représentant la Marche pour un Sacrifice. Sur toile. H. 18 p. l. 21.

PRIMATICE.

11 Vénus couchée sur un lit, & caressée par l'Amour: cinq autres Amours la divertissent par leurs jeux. Cet aimable Tableau tient beaucoup du faire de Jules Romain, à qui plusieurs Amateurs l'attribuent. H. 34 p. l. 45. Sur bois.

12 Un autre Tableau représentant l'assem-

blée des Dieux dans l'Olympe ; d'une grande correction de dessin, & d'un coloris agréable. Sur bois. H. 34 p. l. 48.

DOMINIQUE FÉTI.

13 La Transfiguration de Notre-Seigneur ; trois de ses Apôtres sont couchés au pied du Tabor. Des effets de lumiere surprenans, font un contraste avec l'obscurité qui regne dans le Tableau. Sur toile. H. 33, l. 42.

PIERRE BÉRÉTINI, dit DE CORTONNE.

14 La Tête d'une jeune Femme ayant deux rangs de perles dans sa chevelure. Esquisse pleine de mérite. Sur toile. H. 11 p. l. 8.

ANDRÉ SACCHI.

15 Un Tableau représentant une Driade, un Faune & un Pâtre assis au pied d'un arbre; trois enfans, dont un couronné de pampres, jouent ensemble; un quatrième couché à terre, boit dans un vase. Un Paysage forme le fond de ce Tableau, qui est d'un coloris agréable & d'un bel effet. Sur toile. H. 26 p. l. 36.

CIROFERRI.

16 La Vierge tenant l'Enfant Jésus dont le visage est riant; elle est assise sur l'appui d'une fenêtre, sur lequel est un vase de fleurs.

Ce Tableau, d'un coloris admirable &

d'une grande correction de dessin ; est dans le genre de Pierre de Cortonne. Sur toile. H. 23 p. l. 17.

17 Salomon sacrifiant aux Idoles, en présence de la Reine de Saba ; belle composition de six figures. Sur toile. H. 27 p. l. 22.

FRANÇOIS ROMANELLI.

18 Pandore soutenue dans les airs par des Amours, & tenant la coupe des biens & des maux. Ce Tableau, d'une composition sage & élégante, est dans le genre de Raphaël. Sur toile. H. 48 p. l. 36.

CARLE MARATTE.

19 La Vierge tenant l'Enfant Jésus sur ses genoux. Saint Jean-Baptiste baise la main du Sauveur.

Ce Tableau, précieusement peint sur cuivre, vient de la Collection de Monseigneur le Prince de Conty. H. 5 p. & demi, l. 4 p. & demi.

THOMASSEUS.

20 L'Intérieur de l'Eglise de Saint Pierre de Rome, rendu avec la derniere précision, & orné de quantité de figures. Sur toile. H. 60 p. l. 84.

PHILIPPE LAURE.

21 Saint François en extase ; des Anges forment un concert sur sa tête. Son com-

pagnon, assis dans l'éloignement, est occupé à lire.

Ce Tableau, d'une touche précieuse, est du meilleur faire de ce Maître. Sur toile. H. 17 p. l. 13.

22 Diane reposant au pied d'un arbre, & ordonnant à des Amours de frapper un Satyre qui a eu la témérité de porter ses regards sur elle. Ce Tableau agréable est sur toile. H. 13 p. l. 17.

PIERRE LOCATELLI.

23 Deux beaux Paysages, ornés de ruines & de fabriques traversées par des rivieres. Sur le devant, des groupes d'arbres se détachent sur un ciel très-clair.

Ces deux Tableaux, d'une touche large & facile, sont du ton de couleur le plus vrai, & ornés de belles figures. Sur toile. H. 22. l. 27.

24 Deux Paysages pris des campagnes de Rome; ils sont ornés de fabriques, de monumens anciens & de quelques figures. Ces deux morceaux, d'une touche ferme & d'un beau ton de couleur, sont peints sur cuivre. H. 8 p. & demi, l. 11.

MICHEL-ANGE DES BATAILLES.

25 La Vue d'un grand Rocher, près duquel passe un homme monté sur un cheval blanc. Sur toile. H. 16 p. & demi, l. 14.

ÉCOLES DE FLORENCE ET DE PARME.

LÉONARD DE VINCI.

26 La Vierge tenant ſur elle l'Enfant Jéſus.

Ce Tableau, reconnu inconteſtablement pour être de ce Peintre, vient de la Collection de Crozat, & a été enlevé de bois ſur toile. H. 19 p. l. 14.

ANDRÉ SOLARIO.

27 L'Annonciation de la Vierge; elle eſt repréſentée devant une table en méditation: la fenêtre ouverte laiſſe appercevoir un Payſage digne des meilleurs payſagiſtes.

Ce Tableau ſigné du Maître eſt peint en 1506. Il vient du Cabinet de M. de Pontchartrain, d'où il a paſſé en celui de M. le Duc de la Vrilliere. Sur bois. H. 30 p. largeur 30 p.

FRANÇOIS SALVIATI.

28 La Vierge dans une gloire, entourée d'Anges qui forment un concert. Le fond du Tableau offre la vue d'une Ville ſituée ſur le bord de la mer, au pied de hautes montagnes. Sur le premier plan ſont deux Anachoretes qui parlent enſemble.

Ce Tableau mérite l'attention des Amateurs, par la rareté des productions de cet

Maître, & par ſon extrême fini. Sur bois. H. 24, l. 18.

GAROFALO, dit BENEVENUTO.

29 La Vierge tenant l'Enfant Jéſus, & portée par des Anges dans l'intérieur du veſtibule d'un Temple, dont la porte ouverte laiſſe entrevoir un payſage orné de figures: pluſieurs Saints avec leurs attributs, ſont debout ou proſternés devant la Vierge.

Ce Tableau, d'une touche fine & d'une conſervation parfaite, eſt peint ſur bois. H. 18 p. l. 14.

30 La Vierge tenant l'Enfant Jéſus embraſſé; elle eſt enveloppée d'un manteau bleu doublé de violet clair ſous lequel eſt une robe rouge: ce Tableau, qui approche de la maniere de Raphaël, à moins de ſéchereſſe. Il eſt d'une rare conſervation. Sur toile. H. 23 p. l. 18.

SASSO FERRATI.

31 La Vierge en corſet rouge & manteau bleu, tenant l'Enfant Jéſus dans ſes bras. Sur toile. H. 15 p. l. 13.

CARLO DOLCI.

32 La Vierge vue de face & à mi-corps, tenant ſur elle l'Enfant Jéſus. Ce Tableau d'un pinceau moëlleux, & gracieux dans les caracteres de tête, eſt peint ſur bois. H. 25 p. l. 28.

33 La Vierge tenant l'Enfant Jéſus, à qui elle préſente une poire. Sur toile. H. 24, l. 18.

JEAN-PAUL PANNINI.

34 Deux des plus beaux Tableaux de ce Maître, repréſentant ce que les Ruines des antiquités romaines offrent de plus remarquable : dans l'un ſe voyent le Coliſée, la Colonne trajanne, l'Arc de Conſtantin, le Gladiateur mourant & le Lutteur ; ces deux figures placées à l'entrée du Tableau ſont regardées par des paſſans. Le ſecond Tableau repréſente le fameux Temple bâti par Agrippa, les Ruines du Palais d'Auguſte, l'Hercule Farnèſe, le Marc-Aurele à cheval, à la gauche dans l'éloignement ſont les reſtes d'un Arc de triomphe ; ſur le devant, du même côté, eſt un ſuperbe tombeau de porphyre orné de bas reliefs, & placé au bas d'anciens édifices : ces deux Tableaux, enrichis de beaucoup de figures ſpirituellement touchées, ſont des chefs-d'œuvre. Ils ſont peints en 1737. Sur toile. H. 36 p. l. 50.

ÉCOLE DE BOLOGNE.

LOUIS CARRACHE.

35 La Vierge vêtue d'une robe rouge ſur un corſet jaune, la tête couverte d'un

voile, tenant l'Enfant Jésus debout. Ce Tableau composé avec sagesse est de forme ovale, dans une riche bordure à coings. Sur bois. H. 29 p. l. 23.

36 La Vierge assise sur un tertre au pied d'un ruisseau, ayant l'Enfant Jésus sur elle: de beaux arbres & un lointain ornent ce Tableau gravé par le Peintre. Sur toile. H. 18 p. l. 26.

ANNIBAL CARRACHE.

37 La Vierge de douleur; elle a la tête couverte d'un voile, & le corps d'une grande robe bleue; elle tient un mouchoir dans la main droite, la gauche est appuyée sur la tête du Christ mort. Un Ange plongé dans la tristesse, est près de lui: on voit la Ville de Jérusalem dans l'éloignement. La douleur de la Vierge est rendue avec la plus grande expression dans ce Tableau qui est gravé du tems du Peintre. Sur toile. H. 28, l. 37.

38 L'Amour monté sur un dauphin, & conduisant sur la mer le char d'Amphitrite; un Triton présente le trident à Neptune, qui tient d'une main les renes du char. Deux sirenes, élevées à mi corps sur les eaux, sont autour de lui. Ce Tableau digne d'admiration par la beauté du dessin & l'expression, est peint sur toile. H. 13 p. & demi, l. 16.

39 Un Tableau représentant l'Enlevement

de Proserpine. Les figures sont grandes comme nature. Sur toile. H. 61 p. l. 44.

GUIDO RINI.

40 Le Christ couronné d'épines, vu à mi-corps, & couvert d'un manteau écarlate. Ce Tableau, de forme ovale, est attribué au Guide. Sur toile. H. 23 p. l. 27.

JEAN-FRANÇOIS BARBIÉRI, dit LE GUERCHIN.

41 S. Jean l'Evangéliste, vu à mi corps, couvert d'un manteau rouge, regardant l'aigle qui lui apporte une plume pour écrire son Evangile. Ce Tableau d'un caractere noble, & du sçavant pinceau de cette sublime Ecole, est peint sur toile. H. 44 p. l. 36.

41 *bis*. La Confiance d'Alexandre; il prend d'une main la médecine, & de l'autre reçoit la lettre qu'il a remise à son Médecin, par laquelle on lui marque qu'il doit être empoisonné. Sa femme est aux pieds de son lit, jouissant d'une sécurité entiere. On voit des tentes dans l'éloignement. Ce Tableau, s'il n'est pas du Guerchin, est certainement original de son Ecole, par les beautés qu'il réunit. Sur toile. H. 36, l. 48.

FRANÇOIS ALBANE.

42 Salmacis & Hermaphrodite se poursuivant dans l'eau; un Amour brise son arc;

un autre s'arrache les cheveux; un troisieme s'éloigne avec son flambeau. Ce Tableau, d'une composition ingénieuse, & qui est incontestablement de l'Albane, a un peu souffert. Sur toile. H. 21 p. l. 27.

GUIDO CAGNACI.

43 Cléopâtre expirante de la morsure de l'aspic dont elle s'est fait piquer; sa suivante est près d'elle en pleurs. Sur toile. H. 32 p. l. 27.

GALLI, dit BIBIÉNA.

44 Une forteresse servant de prison, vue de l'intérieur de la Cour. Sur toile. H. 18 p. l. 24.

ÉCOLE VÉNITIENNE.

TITIEN VETELLI.

45 Le portrait de Bocace couronné de lauriers. Sur toile. H. 14 p. l. 12.

46 Une Esquisse sur papier collé sur toile, représentant une Allégorie; un nuage fait le fond du Tableau, au haut duquel sont les Dieux de l'Olympe; plus bas, Apollon & les Muses forment un concert: à l'extrémité du nuage est la Volupté endormie sur un lit de repos; le Tems, les ailes déployées & tenant la mesure des heures, est également endormi à côté d'elle. H. 22 p. l. 14.

LE GIORGION.

47 Le Portrait vu jusqu'à mi-corps, d'un Général Vénitien, tenant en main son bâton de commandement. Ce Tableau, peint avec un coloris étonnant, vient du Cabinet de M. Pâris de Montmartel. Sur toile. H. 54 p. l. 42.

48 Lucrece exposant à Brutus l'affront dont Tarquin vient de la couvrir. Ce Tableau, brillant de couleur, est plein d'expression. Sur toile. H. 39 po. l. 28.

JACQUES PALME, dit LE VIEUX.

49 La Vierge assise, tenant l'Enfant Jésus debout sur elle. Saint Joseph est à ses côtés, la main appuyée contre un palmier. Ce tableau, digne du Titien, vient de la Collection de Monseigneur le Prince de Conty. Sur bois. H. 33 p. l. 31.

JACQUES ROBUSTI, dit LE TINTORET.

50 Un grand Tableau, propre pour être mis en plafond, représentant des Amours, sous le simbole des Saisons & des Elémens, peints avec vigueur, sur toile. H. 78 po. l. 60.

JACQUES DEL PONTE, dit BASSAN.

51 Deux Tableaux en pendans. L'un représente le Départ de Jacob de la maison de Laban. L'autre ; des personnes tâchant d'éteindre le feu qui consume leur maison. Une femme éplorée est sur le devant ; près

d'elle un Vieillard fabrique des vases de cuivre sur une enclume; d'autres figures se voyent dans l'éloignement. Ces deux morceaux de distinction viennent de la Collection de M. le Duc de Tallard. Sur toile. L. 48 p. h. 36.

52 Esaü vendant son droit d'aînesse à Jacob; Tableau de la meilleure maniere de ce Maître. Sur toile. H. 23, l. 25.

FRANÇOIS BASSAN.

53 Le même sujet que le précédent, avec des changemens. Sur cuivre. H. 6 p. & demi, l. 10.

54 L'Adoration des Bergers; composition agréable & d'un bel effet: sur toile. H. 37 p. l. 48.

55 Une autre Adoration des Bergers, composé d'une maniere différente, & vigonreusement peinte sur toile. H. 40 p. l. 32.

PARIS BORDON.

56 La Vierge, représentée à mi-corps, de grandeur naturelle, tenant l'Enfant Jésus qui a les pieds sur un coussin de brocard. Saint Joseph est près d'elle. Ce Tableau, peint avec une grande vérité, est sur bois. H. 34 p. l. 25.

ANDRÉ SCHIAVONE.

57 La Vierge tenant l'Enfant Jésus sur elle, & l'adorant, avec deux Anges qui sont à ses côtés. Ce Tableau d'un coloris brillant,

d'un beau fini dans les têtes, & d'une belle expreſſion, eſt peint ſur toile. H. 28 po. l. 25.

PAUL CALLIARI, dit PAUL VÉRONESE.

58 Une étude de la Mariée des Noces de Cana, peinte ſur papier, collée ſur bois. H. 10 p. l. 7 & demi.

JACQUES PALME LE JEUNE.

59 La Vierge tenant l'Enfant Jéſus; elle eſt accompagnée de Sainte Catherine, Saint Jean-Baptiſte & Saint Joſeph. Les figures ſont de grandeur naturelle. Sur toile. H. 52 p. l. 72.

BOSVERIL.

60 Hérodias recevant la tête de Saint Jean-Baptiſte dans un plat; Tableau dans le genre de Paul Véroneſe, dont ce Peintre étoit diſciple. Sur toile. H. 42 p. l. 66.

TRÉVISANI.

61 L'Homme condamné au travail; ſa femme aſſiſe ſous un toît de chaume, allaite ſes enfans, tandis qu'il bêche la terre: ce Tableau, qui eſt gravé, eſt peint ſur toile. H. 20 p. l. 23.

GASPARO VAN VITELLI.

62 La Vue d'une Ville ſituée ſur le bord de la Mer, & aſſiégée; on voit arriver à ſon ſecours les vaiſſeaux de Malte & ceux de diverſes Nations, Sur toile. H. 27 p. l. 48.

PIAZETTA.

63 Un jeune fille vue à mi-corps; elle a les bras croisés, & posés sur une table. Ce tableau, d'un beau ton de couleur, est peint sur toile. H. 16 p. l. 12.

TIÉPOLO.

64 L'Esquisse terminée d'un Plafond allégorique aux Arts, de forme ovale, sur toile. H. 26 p. l. 20.

65 L'Enfant Jésus, la Vierge & S. Joseph, s'embarquant dans une nacelle, pour fuir en Egypte: sur toile. H. 27 p. l. 24.

66 Deux Paysages, représentant des Vues d'Italie. Ils sont d'un grand effet, & les figures en sont bien dessinées. Sur toile. H. 13 p. l. 20.

ECOLES NAPOLITAINE, GÉNOISE ET ESPAGNOLE.

ANTONELLO DE MESSINE, *né en* 1430.

67 Un Tableau sur bois peint des deux côtés; l'un représente la Visite de Sainte Elisabeth à Sainte Anne; plus loin est l'Annonciation de la Vierge: le fond est un Paysage. L'autre face représente la Vierge coëffée singulierement; elle a sur elle l'Enfant Jésus jouant avec un pot de métal; Saint Joseph est à son côté, portant un grand sabre; Saint Jean est sur le devant, monté

monté ſur un cheval de bois, & tenant un bâton à ſa main pour le faire marcher. Un ancien bâtiment, des arbres & un payſage terminent ce tableau dont l'antiquité & une compoſition groteſque font tout le mérite. H. 20 p. l. 16 p.

ANTIVEDATUS GRAMMATICA.

68 Un Cardinal liſant une Lettre, & portant de la main droite ſes lunettes ſur ſon nez; cette figure parfaitement peinte, eſt vue à mi-corps devant une table où ſont placés différens objets. Sur toile. H. 35 p. l. 28.

JOSEPH RIBERA, dit L'ESPAGNOLET.

69 Saint Jérôme aſſis dans ſa grotte, & commentant les Livres ſaints; figure grande comme nature, peinte avec beaucoup d'expreſſion, & d'un beau faire dans les draperies. Sur toile. H. 48 p. l. 60.

BENEDETTO CASTIGLIONE.

70 Le Buſte d'une femme coëffée en cheveux, ayant un collier de perles à deux rangs, vêtue d'une robe rouge à manches découpées. Il vient de la Collection de Monſeigneur le Prince de Conti. Haut. 21 p. l. 16. Sur toile.

71 Un Repos en Egypte; la Vierge tenant l'Enfant Jéſus eſt vêtue d'une robe jaune, un voile bleu couvre ſa tête. S. Joſeph, habillé à la façon des Arabes, eſt à côté

d'elle tenant un bâton à la main; près de lui sont un troupeau de moutons, & un cheval chargé de bagages. Sur toile. H. 13, l. 19.

72 Deux Tableaux; l'un représente deux Lapins près d'une marre d'eau; l'autre, deux Lievres, deux Chats & deux Cochons d'Inde. Ils paroissent avoir servi d'étude, & sont terminés. Toile. H. 13 p. l. 17.

SALVATOR ROSE.

73 Un Tableau capital de ce Maître, représentant un Combat de Cavalerie allemande, contre de la Cavalerie turque armée de lances & de sabres. Un coloris vigoureux, une touche savante & bien entendue, rendent recommandable ce Tableau, qui est le pendant de celui qui a été vendn à la vente de Monseigneur le Prince de Conti. Sur toile. H. 48, l. 78.

74 Le Combat de Renaud, contre Argant, dans la forêt enchantée. Sur toile. H. 22, l. 26.

75 Un Paysage d'après nature, touché avec fermeté. Sur bois. H. 5 p. l. 11.

76 Un Tableau représentant quatre personnes de différens états, dont une assise sur une pierre, s'entretenant ensemble. Sur toile. H. 14 p. l. 18.

JEAN LOTH.

77 Un Paysage d'après nature: sur le pre-

mier plan est un homme à cheval qui parle à un autre qui conduit deux chiens; plus loin sont deux chasseurs: à droite est une vaste campagne avec des habitations; elle est terminée par des montagnes. A gauche est un côteau sur lequel on apperçoit des moulins à vent & des maisons; au bas est une ferme: de grands arbres ornent ce Tableau, qui égale les plus beaux de Ruisdaël, & qui est dans sa maniere. Sur toile. H. 50 p. l. 78.

77 *bis*. La Vue d'une Forêt ornée de grands arbres: un Chasseur suivi de son chien, guette du gibier; sur le devant sont un porteur de balle, une femme chargée, & tenant un enfant par la main, lui parle; plus loin un Paysan assis sur un âne, s'entretient avec des personnes assises sur le bord d'un chemin; à droite du Tableau, & sur un plan plus éloigné, on voit plusieurs voyageurs: on apperçoit au-delà les clochers de divers villages situés dans les bois au pied des montagnes. Ce Tableau, qui fait illusion par la vérité avec laquelle il est rendu, est de même que le précédent, d'une touche savante, & d'un Maître dont les productions sont très-rares. H. 48 p. l. 70 p. 6 lignes.

LUC JORDANS.

78 Vénus sortant du bain; des Nymphes sont occupées à lui verser des essences sur

ſa chevelure; une autre lui eſſuie les pieds; d'autres avec un Amour préſentent à boire aux Cygnes qui tirent ſon char: quatre Amours étendent un voile ſur elle. Une compoſition aimable & un deſſin correct donnent du mérite à ce Tableau. Sur toile. H. 54 p. l. 32.

79 Une femme ſortant du bain; trois autres femmes ſont occupées à la ſervir. Plus loin ſont deux autres: le fond forme un payſage. Ce Tableau peint avec ſoin, ſans être froid, eſt un des bons de ce Maître. Sur toile. H. 23, l. 28.

80 Un Tableau d'une belle pâte de couleur, repréſentant Bacchus & Arianne. Les figures ſont grandes comme nature. Sur toile. H. 56, l. 72.

GAULI, dit LE BACICI.

81 La Boutique d'un Epicier, où deux Courtiſannes Vénitiennes galamment vêtues entrent; un homme déguiſé en Scharamouche offre à l'une des fleurs; un autre maſqué en Marotte préſente des andouilles. Ce tableau eſt très-fin, & les draperies en ſont faites avec beaucoup de ſoin. Sur toile. H. 18 p. l. 24.

FRANÇOIS SOLIMENE.

82 L'Apothéoſe d'un Saint Evêque, porté au Ciel par des Anges, ou d'autres Anges placés dans un rang plus élevé ſont occupés à le recevoir.

La correction du dessin, jointe à une grande expression dans les figures, donne un mérite supérieur à ce Tableau qui est peint sur toile. H. 45 p. l. 36.

ECOLE DES PAYS-BAS.

JEAN DE BRUGES, *né en 1370, Inventeur de la Peinture à l'huile.*

83 Un Tableau, représentant une Allégorie dont la Religion est le sujet, & qui paroît avoir quelque rapport au veu fait par Philippe le Bon, Duc de Bourgogne, d'être le chef d'une Croisade contre les Infideles. On connoît l'extrême rareté des Ouvrages de ce Peintre, il en reste très-peu. Sur bois. H. 26 p. l. 18.

BERNARD VAN ORLEY.

84 La Vierge, couverte d'un manteau de pourpre relevé d'une broderie en or, & présentant son sein à l'Enfant Jésus qui tient une fleur. Elle est près d'une table, sur laquelle est un vase de verre. Sur bois. H. 16 po. l. 12.

LUCAS DE LEYDE.

85 Jésus-Christ portant sa croix pour monter au Calvaire : il est environné de Soldats, & d'une foule de peuple ; sur un plan plus élevé, sont la Vierge, Saint

Jean, Sainte Madelaine & une autre femme. Ce tableau très-fini a des vérités de détail admirables. Sur bois. H. 42 p. l. 30.

86 La Vierge tenant l'Enfant Jésus; elle est assise devant une table couverte d'un tapis verd ayant derriere elle une piece d'étoffe déployée brodée en or; des Anges sont devant & autour d'elle, les uns formant un concert, les autres offrant des fleurs. Ce tableau cintré d'un beau coloris & d'une belle conservation, est peint sur bois. H. 28 p. l. 16.

87 Le Christ mort dans les bras du Pere Eternel qui est vêtu d'une chappe ornée de pierreries, ayant une thiare sur la tête; deux Anges tiennent la couronne d'épines. Sur bois. H. 23 p. l. 16.

PIERRE PORBUS.

88 Le Portrait, sur bois, d'un Seigneur de la Maison de Cossé. H. 6 p. l. 5.

89 Le Portrait de Charles de Launoy, Viceroi de Naples; sur bois. H. 8. l. 6.

90 Le Portrait d'un Magistrat en Simare, sur bois. H. 8 p. l. 5 p. 6 lignes.

91 Le Portrait d'un Homme de Loix en robe fourrée, sur bois. H. 5 p. & demi, l. 4 po. & demi.

92 Le Portrait d'un Médecin vêtu d'un manteau fourré, sur bois. H. 8 p. l. 5 & demi.

PIERRE BREUGHEL, dit LE VIEUX.

93 Un Sabat célébré dans l'obſcurité de la nuit, ſur bois. H. 36 p. l. 48.

94 Un Tableau ſur bois, d'une compoſition groteſque & ſatirique, repréſentant le Bal pour les Noces de Martin Luther & d'une None. H. 28 p. l. 78.

MARTIN DE VOS.

95 Deux Tableaux en pendans, ſur cuivre; l'un repréſente Abſalon pourſuivi, & ſuſpendu à un arbre; l'autre la Converſion de Saint Paul, renverſé de ſon cheval au milieu de ſa cohorte. Ces deux Tableaux brillans de couleur, ſont d'une grande compoſition. H. 12 p. l. 14.

LE CHEVALIER ANTOINE MORO.

96 Le Portrait d'une des Maîtreſſes du Duc d'Albe, Gouverneur des Pays-Bas. Sur bois. H. 7 p. l. 6.

PAUL BRIL.

97 Une forêt dans laquelle des eaux tombent en caſcades, & forment un étang où ſont des canards ſauvages; deux Chaſſeurs cachés derrière un grand arbre, ſe diſpoſent à tirer deſſus: on voit dans l'éloignement la continuité de la même forêt & deux paſſans: Annibal Carrache a peint les figures dans ce tableau qui joint une touche ſavante au mérite de la conſervation. Sur toile. H. 34 p. l. 50.

98 Un beau Payſage, à la gauche duquel eſt un chemin qui tourne derriere un rocher, & paroît conduire à l'entrée d'un bois ; une vaſte prairie fait le fond de ce tableau qui eſt orné d'hommes & d'animaux parfaitement deſſinés. Sur toile. H. 20 p. l. 28.

99 Une Vue de la Mer. Des Pêcheurs ſont occupés à tirer leurs filets : à la gauche, ſont des côteaux couverts de bois & de maiſons ; de petites figures s'apperçoivent dans l'éloignement, & paroiſſent, ainſi que les autres, peintes par Teniers. Ce tableau, d'une touche facile, & d'une couleur agréable, eſt peint ſur toile. H. 30 p. l. 42.

100 La Vue de pluſieurs rochers d'où tombe de l'eau en caſcades; des chevres montées ſur leur ſommet, y paiſſent, tandis que ceux qui les conduiſent jouent du chalumeau ; à la gauche eſt un lac au-delà duquel eſt une colline plantée d'arbres, entre leſquels on voit des terres qu'on cultive & des habitations : d'autres collines ſe ſuccedent & ſont terminées par une plaine. Ce tableau eſt remarquable par le contraſte des deux ſites. Il paroît avoir été fait d'après nature en Italie. Sur bois. H. 27 po. l. 38.

101 Une Vue de riviere. A la droite, on voit des fabriques : pluſieurs Matelots ſont ſur le devant, deux ſont leur cuiſine ; on

voit une Ville dans l'éloignement. Sur toile. H. 20 p. l. 31.

MATHIEU BRIL.

102 Un Paysage ; à la gauche sont les ruines d'un ancien Temple, derriere lequel on a construit une Eglise ; au bas sont des figures de Mendians & de Bohémiens ; à la droite est une campagne terminée par une Ville. Sur bois. H. 17 p. l. 22.

103 Un Paysage montagneux, & pour figures une Fuite en Egypte. Sur cuivre. H. 18 p. l. 21.

ABRAHAM BLOÉMAERT.

104 Un Tableau peint sur albâtre oriental, représentant l'Enfant Jésus dans la crêche adoré par la Vierge, Saint Joseph & les Bergers ; huit Anges sont au dessus dans une gloire. Il a été peint pour un Prince de la Maison de Lorraine, & vient en dernier lieu de la Collection de Monseigneur le Prince de Conty. H. 10 p. l. 5.

J. BREUGHELS, dit DE VELOURS.

105 La Vue d'un Canal en Flandres, bordé d'arbres ; à la droite sont trois maisons de Paysans qui font l'entrée d'un Village, derrière lequel est une vaste prairie, d'où l'on découvre les clochers d'une Ville. Sur le devant sont plusieurs barques. Ce Tableau, d'un beau ton de couleur & d'une

grande finesse, est orné de quantité de figures touchées avec esprit & diversement groupées. Sur bois. H. 9 p. & demi, l. 13.

106 La Vue d'un Village de Flandres très-considérable, où plusieurs chemins aboutissent; des Paysans y conduisent des chariots, d'autres y sont occupés à différentes choses; à la gauche est un grand moulin à vent. Ce tableau, d'un détail infini & d'une finesse admirable, peut faire pendant du précédent. Sur cuivre. H. 10 po. & demi, l. 13.

107 La Vue d'un grand Canal de Flandres, bordé à droite & à gauche par des maisons; sur le devant sont trois bateaux dont un est rempli de passagers. Sur bois. H. 6 p. l. 9 p. & demi.

PIERRE BREUGHELS LE JEUNE.

108 Un Paysage, sur cuivre, avec riviere, & pour figure un Saint Bruno en méditation près d'une grotte. H. 6 p. l. 8.

HENRY STEENWICK.

109 L'Intérieur d'une Prison, d'ans laquelle on voit plusieurs Soldats endormis, & dans l'éloignement Saint Pierre délivré par un Ange. Ce tableau éclairé par deux lampes, est d'une exacte perspective. Sur toile. H. 26 p. l. 37.

110 La Vue d'un Temple orné de colonnes, dans lequel on voit quelques figures. Sur bois. H. 6 p. & demi, l. 9 p. & demi.

CORNEILLE MOLENAER.

111 La Vue d'un Village de Hollande, ſitué ſur les bords d'un canal glacé; pluſieurs perſonnes le traverſent ſur la glace; d'autres y patinent. Ce tableau peint ſur bois, d'une belle couleur, porte 13 p. & demi de h. 17 & demi de l.

112 Un moulin ſur lequel eſt un colombier très-élevé; une petite riviere paſſe ſous un pont ſur lequel ſont des hommes & des animaux. Ce tableau fait avec art, eſt ſur bois. H. 24 p. l. 18.

113 Une maiſon de Payſan ſituée ſur le bord d'une riviere; deux hommes ſont dans un bateau; des arbres touffus forment le fond du Tableau. Sur bois. H. 9 p. & demi, l. 12.

114 Deux Tableaux en pendant, repréſentant divers points de vue; l'un des Rochers d'où coulent des ſources d'eau; l'autre des terreins ornés de fabriques, ruines & figures. Ils ſont d'un beau ton de couleur. Sur bois. H. 16 p. l. 14.

115 Deux jolis Payſages, dans chacun deſquels ſont des maiſons de Payſans. On y voit quelques figures bien peintes. Sur bois. H. 8 p. & demi, l. 7 p. & demi.

JEAN VRIES.

116 Pluſieurs maſures & maiſons de Payſans, entourées d'arbres, & ſituées au bord d'une riviere ſur laquelle trois Pêcheurs

conduisent un bateau. On apperçoit dans l'éloignement, le clocher d'un village. Sur bois. H. 15, l. 19.

JODOLUS MONPER & BREUGHEL.

117 La Vue d'une belle Campagne, dont le milieu est coupé par un pont. Les figures par Breughel de Velours, sont aussi spirituellement touchées que le Tableau dont le coloris est très-fin. Sur bois. H. 16 p. l. 23 & demi.

118 Un Paysage d'un site montagneux & aride; dans le milieu est un chemin avec des figures par Breughel. Ce Tableau peint avec beaucoup de liberté, & transparent de couleur, est sur bois. H. 15 p. l. 26.

ROLAND SAVERY.

119 Un riche & précieux Paysage, où l'on voit des Rochers baignés par la mer; à droite & à gauche du Tableau sont des arbres, sur le haut & au bas desquels on voit des animaux de toute espece; au milieu est un vieux colombier ruiné. Ce Tableau, dont les détails sont intéressans, est peint sur bois. H. 23 p. l. 48.

120 Un Paysage sur cuivre, représentant des Chutes d'eau à travers des rochers, dont le sommet est couvert d'habitations. Un homme & une femme passent sur un pont de bois. H. 5 p. & demi, l. 12.

ADAM WILLARTZ.

121 Une vaste étendue de mer chargée de vaisseaux; sur le rivage sont des Pêcheurs occupés à tirer le poisson de leurs barques; à la droite, on voit des rochers & collines ornés de maisons, & sur leur sommet, une ancienne tour. Ce Tableau agréable & varié, est peint sur toile. H. 32 p. l. 52.

122 Un Paysage couvert de bois avec de petites figures sous un ciel nébuleux. Sur toile. H. 14, l. 19.

PIERRE-PAUL RUBENS.

123 Saint Sébastien attaché à un arbre, & percé de fleches, peint de grandeur naturelle & en pieds. Ce morceau est de la plus grande expression & d'un brillant coloris. Sur toile. H. 73 p. l. 48.

124 Le Dieu Pan, accompagné d'un Satyre tenant des fruits dans sa pannetiere, & les offrant à quatre Nymphes de Diane qui reviennent de la chasse avec leurs chiens; un Villageois & une Villageoise sont debout auprès du Dieu des Forêts, ainsi que deux enfans presque nus; la droite du Tableau présente une riviere qui coule entre des arbres touffus. Ce morceau, d'une composition aimable, & rempli d'expression, est le petit de celui qu'on voit à Saint Cloud chez Monseigneur le Duc d'Orléans. Sur toile. H. 30 p. l. 43.

125 Le Portrait d'une des femmes de Ru-

bens; elle eſt vue de face & preſque juſqu'aux genoux, ayant la gorge couverte en partie par un mouchoir de gaze; ſon habillement eſt noir, & enrichi ſur le devant de pierres précieuſes; elle a les mains poſées l'une dans l'autre. Le fond de ce Tableau, qui eſt d'une belle pâte de couleur & tranſparent, eſt un rideau verd bordé d'une frange d'or. Sur toile. H. 34 p. l. 24.

126 Deux Tableaux en pendant, repréſentant S. Pierre & S. Paul. Ils ſont vus à mi-corps, ayant chacun les attributs qui les caractériſent. La touche en eſt hardie & du plus beau ton de couleur. Sur toile H. 36 p. l. 30.

127 Une très-belle Eſquiſſe repréſentant un Empereur couronné de lauriers, aſſis ſur ſon trône, tenant dans ſa main droite l'épée de la vengeance dont ſes yeux ſont étincelans; un guerrier ſe préſente devant lui, conduit par Pallas; il tient d'une main une torche allumée, pour marquer les horreurs de la guerre: l'Envie eſt terraſſée ſous ſes pieds.

Ce morceau, compoſé avec tout le feu poſſible, eſt ſur bois. H. 26 p. l. 32.

128 L'Enlevement de Proſerpine; Eſquiſſe terminée compoſée de neuf figures, d'un coloris brillant, d'une belle & ſavante compoſition. Sur bois. H. 14 p. l. 25.

David Vinckenbooms.

129 La Vue d'un Canal bordé de maiſons ; à la droite eſt une épaiſſe forêt, où l'on voit le Samaritain qui panſe les plaies de l'Iſraélite bleſſé. Ce Tableau peint avec ſoin, eſt ſur bois. H. 13 p. l. 24.

130 Un très grand Tableau, repréſentant à droite des collines couvertes de bois, & des vallons où l'eau tombe; le fond eſt un Payſage immenſe, où l'on diſtingue une riviere, qui paſſe ſous un pont ; des Villes, Villages & de hautes Montagnes ſur leſquels le Soleil darde ſes rayons. Il eſt enrichi de pluſieurs figures bien peintes. Sur toile. H. 54 p. l. 74.

131 Un autre Payſage, avec des figures par Pierre Breughel. Sur bois. H. 45, l. 60.

François Sneyders.

132 Une Table chargée de gibier, fruits & légumes; deux chiens ſont occupés à regarder un lièvre mort. Ce Tableau peint avec la plus grande vérité ſur toile, porte 52 p. de h. ſur 72 de l.

Pierre Néefs.

133 L'Intérieur de la Cathédrale d'Anvers, ornée de quantité de figures par François Franck. Ce Tableau, d'une perſpective admirable & de l'effet le plus vrai, eſt peint ſur cuivre. H. 15 p. l. 19.

ADRIEN STALBENS.

134 La Vue de plusieurs Maisons situées sur les bords d'un canal glacé, où sont des patineurs. Ce Tableau, sur cuivre, est précieux comme s'il étoit de Breughel. H. 3 p. & demi, l. 5.

135 Deux Tableaux de forme ronde, sur cuivre : dans l'un est une Villageoise qui porte un pot au lait ; un Paysan l'accompagne ; dans l'autre on voit un Paysan & une Paysanne assis, avec un chien devant. Ils sont dans un beau fond de Paysage. H. 14, l. 5 p. & demi.

FRANÇOIS FRANCK.

136 Le Combat des Centaures & des Lapythes aux noces de Pirithoüs. Tableau d'un coloris charmant, & richement composé. Sur bois. H. 14 p. l. 22.

DAVID TENIERS le Vieux.

137 Le Laboratoire d'un Chymiste, occupé à souffler sous ses fourneaux. Dans l'éloignement sont deux hommes, dont un broye des drogues dans un mortier ; plusieurs ustensiles analogues sont distribués dans ce Tableau peint sur toile. H. 18 p. l. 24.

138 Un tableau, représentant une roche. On y voit Saint Pierre à genoux, pleurant son péché. Sur toile. H. 20 p. & demi, l. 27.

139 Un tableau qui peut servir de pendant au

au précédent, repréſentant des Hermites dans une grotte; on voit la campagne par des ouvertures. Sur toile. H. & l. 30 p.

140 Deux Solitaires aſſis au-dehors de leur Hermitage qui eſt conſtruit dans l'épaiſſeur d'une forêt. Sur toile. H. 21 p. l. 26.

141 Deux Payſans aſſis près d'une table, & fumant leur pipe. Un d'eux tient un pot de bierre. Sur bois. H. 8 p. & demi, l. 10 p. & demi.

GUILLAUME NIEULANT.

142 Une Vue de Ruines dans la campagne de Rome; on y voit une femme aſſiſe ſur un âne, des Hermites près d'une petite Chapelle & d'autres figures. Sur cuivre. H. 10 p. l. 13.

DIRK RASELSS KAMPHUYSEN.

143 Un tableau rendu avec la plus grande intelligence, & d'une touche large; il repréſente une prairie dans laquelle ſont un bœuf, deux vaches, un bélier & un mouton; le Berger qui les garde eſt aſſis. Sur toile. H. 27 p. l. 30.

HENRY VAN ULIET.

144 L'Intérieur d'une grande galerie pavée de pierres de marbre à compartiment. Sur le devant un homme préſente une fleur à une Dame; une autre s'ajuſte devant un miroir: aux deux extrémités ſont, à la droite, une table ſervie où deux perſon-

nes mangent, à la gauche une femme touchant du clavecin, & un homme l'accompagnant avec une guitarre. Ce salon est décoré de tableaux, & laisse entrevoir par trois portes ouvertes d'autres appartemens. Ce morceau d'un grand effet, est peint sur bois. H. 27 p. l. 39.

CORNEILLE POÉLENBOURG.

145 L'Adoration des Rois. Ce tableau richement composé, d'une belle ordonnance, & d'un fini précieux, vient de la collection de M. de Julienne. Sur cuivre. H. 16 p. 9 lignes, l. 12 p. & demi.

146 L'Adoration des Bergers qui viennent rendre leurs hommages à l'Enfant Jésus couché sur des langes dans une grotte. Une multitude d'Anges descend sur des nuages. Ce tableau composé de quarante figures, & peint avec la derniere finesse, peut faire pendant au précédent: rien n'est plus rare que de trouver deux tableaux aussi capitaux de ce Maître analogues au même sujet. Sur bois. H. 17 p. l. 14.

147 Un autre tableau de la premiere distinction, représentant le portrait de la Vierge entouré d'une guirlande de fleurs, & porté au Ciel par des Anges: on voit dans le bas un beau Paysage, où l'on apperçoit des ruines, des animaux, des forêts, une riviere, & des montagnes dans l'éloi-

gnement. Sur bois. H. 13 p. & demi, l. 11 p. & demi.

148 Bacchus offrant des préſens & une couronne à Ariane abandonnée par Théſée dans les rochers de l'Iſle de Naxos. On voit dans l'éloignement la mer & le vaiſſeau de ſon perfide Amant. Le rivage eſt couvert des plus rares coquillages: ſur le penchant d'un rocher, eſt une marche de Faunes & de Bacchantes, dont une eſt montée ſur un âne. Ce tableau précieuſement peint, & d'un bel émail de couleur, eſt ſur bois.

H. 19 p. & demi, l. 23.

149 Un riche Payſage, d'un ſite d'Italie: à la droite, ſont de belles ruines d'anciens monumens: ſur le devant coule une riviere où pluſieurs femmes ſe baignent. Ce tableau eſt d'une fraîcheur admirable, & d'une touche précieuſe. Sur bois. H. 11 p. l. 14.

150 L'Adoration des Bergers, compoſition de dix-huit figures. L'intérieur d'une voûte ſurmontée par des groupes d'Anges, forme le fond: une ouverture laiſſe entrevoir des ruines & un très-beau ciel. Sur bois. H. 12 p. l. 10 & demi.

151 Un très-joli tableau, repréſentant une campagne couverte de ruines: un homme caché derriere un rocher regarde une femme nue qui va entrer dans le bain: trois autres figures, dont un Berger qui garde des troupeaux, ſont ſur le ſecond

plan. Un très-beau ciel ajoute au mérite de ce Tableau. Sur bois. H. 6 p. & demi, l. 9 p. & demi.

152 Le Buste d'une jolie Femme ayant autour du col une fraise de mousseline blanche, la tête coëffée avec des perles mêlées de roses. Sur bois. H. 4 p. & demi, l. 3 p. & demi.

JEAN ASSELYN.

153 Un Paysage précieux & du meilleur tems de ce Maître où l'on voit la nature rendue dans son effet le plus vrai; sur le premier plan, un Chasseur est occupé à remettre sa botte, un Berger garde un troupeau de vaches, dont l'une va boire dans un ruisseau: sur le second plan, sont d'autres figures d'hommes & d'animaux: plus loin on voit des habitations derriere des arbres touffus. Le ciel admirablement peint est celui d'un soleil couchant. Sur toile. H. 31 p. l. 29.

154 La Vue d'un grand Rocher sous lequel des Voleurs ont établi leur demeure. A la droite est une vaste campagne, où l'on voit plusieurs de ces brigands conduisant les dépouilles des passans qu'ils ont pillés. Sur le devant sont des vêtemens & des armes entassés, peints avec tout le soin possible. Ce Tableau, d'une touche naturelle & décidée, est peint sur toile. H. 27 p. l. 34.

155 Une grande voute ſous laquelle ſont deux hommes, une femme & pluſieurs animaux; on découvre un bel horiſon, dont l'effet eſt un Soleil couchant. Ce Tableau de mérite eſt peint ſur toile. H. 23 p. l. 19.

156 La Vue d'un Torrent qui ſe précipite à travers des rochers; dans le bas ſont un homme à cheval, un chaſſeur avec des chiens, & quatre autres perſonnes: ce Tableau peint dans la vapeür, eſt très-agréable. Sur bois. H. 12 p. l. 10.

157 La Vue d'un grand Rocher, par les ouvertures duquel on découvre des lointains & un ciel piquant qui porte la lumiere ſur tout le ſujet. Sur le devant, un homme & une femme conduiſent trois mulets chargés de bagage; plus loin eſt un homme arrêté. Ce Tableau, touché avec beaucoup d'eſprit, eſt peint ſur bois. H. 11 p. l. 9.

158 Un autre Payſage, dans lequel un Payſan ſuivi de ſon chien conduit un troupeau de bœufs. Sur toile. H. 12 p. l. 13.

ASSELYN & HERMAN SWANEVELT.

159 Deux Payſages en pendant. Ils repréſentent des Rochers baignés par des rivieres. Ils ſont ornés de figures d'hommes & d'animaux. Sur bois. H. 11 p. & demi, l. 8 p. & demi.

GERARD SEGHERS.

160 Une jeune Femme couronnée d'épis, tenant d'une main un flambeau, & de l'autre une coupe dans laquelle une vieille femme verse une liqueur; un jeune enfant vêtu d'une robe bleue la regarde en riant. Ce Tableau, dans lequel l'effet de la lumiere est parfaitement rendu, est peint sur toile. H. 30 p. l. 37.

EGIDE VAN TILBURG.

161 Trois hommes avec leurs femmes buvant sur une table posée sur des tonneaux à la porte d'une taverne; l'une d'elles prend la bourse à son mari qui dort; une servante, qui est à la gauche de ce Tableau, leur apporte à manger. Le fond est un Paysage. Sur toile. H. 28 p. l. 36.

ALEXANDRE KIERINGS.

162 Un beau Paysage, à la droite duquel sont de grands arbres, & un chemin où passe un Berger qui conduit son troupeau; plus loin une femme porte un paquet sur sa tête; à la gauche est un riche côteau, appuyé à une chaîne de montagnes escarpées, sur lequel réfléchissent les rayons du Soleil; plus bas, près d'un lac, est un vieux château entouré d'arbres: ce Tableau supérieurement peint, est sur bois. H. 18 p. l. 30.

163 Un joli Paysage approchant de la maniere de Breughel de Velours, & repré-

ſentant une forêt ; ſur le devant eſt un chariot attelé d'un cheval ; plus loin ſont deux perſonnes & une maiſon de Payſans. Sur bois. H. 12, l. 17.

164 La Vue d'une forêt. Ce Tableau peint ſur bois, eſt orné de pluſieurs figures, & vient du Cabinet de M. le Duc de S. Agnan. H. 13, l. 19.

KIERINGS & POÉLEMBOURG.

165 La Vue d'une belle Forêt, d'où l'on découvre une riante campagne ; ſur le devant s'éleve un grand arbre tortueux ſur lequel ſont des oiſeaux ; il répand ſon ombrage ſur une fontaine d'eau très-pure dans laquelle quatre femmes à moitié nues vont ſe baigner. Des jeunes arbres portent la fraîcheur autour de cette fontaine. Ce Tableau, d'une fineſſe extraordinaire, & dont les figures ont été peintes avec ſatisfaction par Poélembourg, eſt un des plus beaux de cet habile Payſagiſte. Sur bois. H. 25, l. 34.

KIERINGS & VAN KESSEL.

166 Adam dans le Paradis terreſtre, donnant les noms aux animaux ; ce Tableau amuſant dans les détails, eſt peint ſur bois. H. 20, l. 32.

HANS GOVAERT.

167 Le Frappement du Rocher par Moyſe ; les Iſraélites dont on voit les tentes dans

l'éloignement, remplissent des cruches d'eau. Ce Tableau, très-ressemblant à la maniere de Rotenhamer, est peint en 1608. Sur cuivre, de forme ovale. H. 11 p. & demi, l. 15.

PIERRE ZAENREDAM.

168 L'Intérieur d'une Eglise réformée. On y distingue trois figures, dont un homme vêtu à l'espagnol considérant une épitaphe. Sur bois. H. 19, l. 35.

JACQUES JORDANS.

169 Diane prête à entrer au bain, & découvrant la grossesse de Calisto. Ce Tableau composé de quinze figures de Nymphes, est de la plus riche composition, & tient beaucoup de la maniere de Rubens. Les figures ont dix pouces de proportion. Un riche Paysage décoré d'arbres, ruisseaux & cascades, en fait le fond. Sur le devant du Tableau sont les animaux que la Déesse & ses Compagnes ont tués à la chasse; deux chiens sont à côté d'elles. Il vient du Cabinet du Bourguemestre Van Scoorel à Anvers, où il jouissoit de la plus haute réputation. Toile. H. 26 p. l. 43.

170 Diane au bain, accompagnée de sept Nymphes nues, regardant Actéon qui cherche à les surprendre: le site est un rocher entouré d'arbres, d'où l'eau tombe en cascades. Ce Tableau, d'un coloris

vigoureux & du beau faire de ce Maître, est sur toile. H. 44 p. l. 52.

LUCAS VAN UDEN.

171 Deux charmans Paysages dont les sites sont variés, & qui présentent de vastes campagnes. Ils sont ornés de figures & de troupeaux. Une touche légere, un coloris naturel & vigoureux rendent ces deux Tableaux très-recommandables. Toile. H. 25 p. l. 34.

172 La Vue d'un Lac entouré de rochers, d'où tombent des cascades : on y voit au bas un Berger qui garde son troupeau, un homme & une femme qni viennent de traverser un pont; un grand arbre est placé au bord du Lac, sur lequel sont dans l'éloignement des navires : un beau ciel couvert de nuages, donne une vapeur admirable à ce tableau peint sur bois. H. 15 p. l. 22.

173 Un riche Paysage dont l'entrée est formée par de grands arbres : on y voit à la droite la Vierge & Saint Joseph assis : devant eux sont l'Enfant Jésus & Saint Jean-Baptiste portant ensemble la croix : un Ange l'adore à genoux : huit Anges diversement groupés portent les attributs de la Passion. Les figures de ce Tableau qu'on pourroit dire peintes par Van-Dick, sont cerrainement d'un des meilleurs Disciples de Rubens. Toile. H. 48, l. 63.

174 Deux Paysages faisant pendant, laissant voir une étendue de pays & des situations variées; les figures y sont très-bien distribuées; la finesse & le ton de couleur vigoureux ne laissent rien à désirer à ces deux tableaux peints sur cuivre. H. 10 p. l. 14 p. & demi.

VAN UDEN ET DAVID TENIERS.

175 La Vue d'un Paysage coupé d'une riviere; à la gauche de ce Tableau qui est d'un ton argenté, est un pont de bois qui conduit à une tour au haut de laquelle est placé un drapeau; on y voit sur le devant cinq Paysans qui causent ensemble, & qui sont peints par David Teniers, sur bois. H. 11 p. l. 18.

VAN UDEN ET BREUGHEL DE VELOURS.

176 La Vue d'une Foire sur la place d'un Village considérable: les chemins qui y conduisent sont remplis de quantité de personnes, les unes dans des chariots, les autres à cheval, ou à pied. Toutes ces figures en très-grand nombre, sont peintes par Breughel de Velours. Bois. H. & l. 14 p.

177 Un autre Paysage, où l'on voit des Moissonneurs & plusieurs autres figures d'hommes & de femmes, & des animaux, qui sont comme les précédentes peintes par Breughel de Velours. Bois. H. 14 p. l. 15.

LÉONARD BRAMER.

178 L'Intérieur de l'Eglise du Saint Sépulcre à Jérusalem pratiquée dans un rocher: on y voit des Chapelles richement ornées, des Pélerins à genoux, & un Moine destiné à les servir. Bois. H. 10 po. l. 13.

OBEMA.

179 La Vue d'un bois tailli dans lequel une femme gardant des moutons, montre le chemin à un Passager. La nature est rendue avec toute la vérité possible dans ce tableau, peint sur toile. H. 20 p. l. 25.

JEAN VAN-GOYEN.

180 La Vue d'un Hameau environné d'arbres, situé sur le bord d'un chemin. Ce tableau, d'une composition simple & d'une touche spirituelle, est enrichi de plusieurs figures. Bois. H. 11 p. l. 19.

181 La Vue d'un Village d'Hollande, situé sur le bord d'un canal. Bois. H. 13 po. l. 21.

THÉODORE ROMBOUST.

182 Une Forêt dans laquelle passent des Chasseurs dont l'un accouple des chiens, & parle à une personne assise: au milieu de la Forêt est un chemin d'où l'on découvre la campagne. Ce tableau artistement fait, est sur bois. H. 11 p. l. 13.

DANIEL VERTAERGHEN.

183 La Vue d'une belle Campagne, où l'on voit des chûtes d'eau qui forment des cascades : à gauche, est un grand rocher sur le sommet duquel sont plusieurs arbres : au bas passe une riviere où des Blanchisseuses lavent du linge : sur le premier plan un Berger & une Bergere tenant un tambour de basque, dansent ensemble au son d'un chalumeau : d'autres Bergers & Bergeres les regardent. Le ton de couleur de ce Tableau est très-agréable, & approche très-près de la beauté de ceux de Poélembourg. Bois. H. 14 p. & demi, l. 20.

184 Un charmant Paysage, sur le devant duquel sont deux femmes, l'une couchée & endormie, l'autre debout & vue par le dos, semble sortir du bain. Des groupes d'animaux sont placés dans ce Tableau, dont le lointain est admirable, & qui a beaucoup de finesse dans la touche. Il vient de la collection de Monseigneur le Prince de Conty. Cuivre. H. 15 p. l. 17.

JEAN MIEL.

185 Le devant de la Boutique d'un Maréchal qui met un fer à un cheval blanc dont le pied est tenu par un Paysan. Ce Tableau est d'une vérité frappante & d'un beau coloris. Toile. H. 11 p. & demi, l. 15 p.

186 Un Opérateur vêtu en Scaramouche :

il eſt monté ſur un cheval blanc; derriere lui eſt ſon Valet habillé en Pierrot, & portant à ſon bras un panier; à la droite eſt un chien qui boit dans une marre. Ce Tableau d'un ton argenté, eſt peint ſur toile. H. 13 p. & demi, l. 11 p.

187 Un homme aſſis ſur une butte & occupé à ſe retirer une épine du pied: derriere lui eſt un panier dans lequel eſt un pot de terre. Bois. H. 5 p. l. 7 p. & demi.

JEAN DAVID DE HEEM.

188 Une table couverte d'un tapis bleu, ſur lequel ſont deux fortes grappes de raiſin tenant à leur cep, des pêches, des huîtres dans une aſſiette d'argent, deux écreviſſes, deux citrons, & deux grands verres, dont un rempli de vin blanc. Ce tableau qui fait illuſion, eſt du premier mérite en ce genre. Bois. H. 16 p. l. 22 p. & demi.

CORNEILLE DE HEEM.

189 Une table couverte d'un tapis verd, & chargée de fruits dont pluſieurs ſont dans un plat d'étain. Ce morceau dans lequel la nature eſt rendue avec la plus grande vérité, eſt peint ſur bois. H. 15 p. l. 12 po. & demi.

JACQUES VAN OOST.

190 Un Payſage, avec quantité d'arbres &

un étang ſur le devant. Latone avec ſes deux enfans, inſultée par des payſans, adreſſe ſa priere à Jupiter, qui les change en grenouilles. Ce Tableau, d'un beau ton de couleur, eſt ſur bois. H. 16 p. l. 17 p. & demi.

JEAN VANDER-LYS.

191 Le Repas des Dieux & des Déeſſes : il ſe donne ſous une grotte, d'où l'on apperçoit un palais & des jardins : des Amours tenant des guirlandes de fleurs, voltigent dans les airs.

Ce tableau ſur bois, eſt auſſi précieux que s'il étoit de Poélembourg. H. 12 po. l. 8.

PHILIPPE VAN-CHAMPAGNE.

192 La Vierge repréſentée à mi-corps, elle a les mains croiſées ſur ſa poitrine, & la tête couverte d'un grand voile. Toile. H. 30 p. l. 24.

193 Deux payſages agréables dans chacun deſquels paſſe une riviere : on voit dans l'un un départ pour la chaſſe au vol ; dans l'autre, des Payſans qui conduiſent un troupeau de bœuf & d'autres animaux. Sur toile. H. 18 p. l. 25.

PIERRE NEDEEK.

194 Un Tableau, repréſentant un Prince Turc chaſſant dans une forêt, & rencontrant deux femmes qu'il pourſuit. Ce ta-

bleau peint en 1639, ſur bois, porte 16 p. de h. ſur 22 de l.

ALBERT KUIP.

195 Un Payſage à la droite duquel ſont de grands arbres qui paroiſſent la ſortie d'une forêt. On y voit un homme monté ſur un cheval blanc: derriere lui ſont des bœufs & des moutons conduits par un Pâtre: vers le milieu, près d'un arbre, ſont un Payſan, un jeune garçon & un chien: dans le lointain eſt une riviere qui arroſe une campagne. Ce Tableau, d'un beau choix, eſt d'une touche fine & d'une bonne couleur. Bois. H. 27 p. l. 21.

196 Un beau Payſage enrichi d'animaux: l'effet eſt au ſoleil levant: ſur le premier plan, des vaches boivent dans un torrent: une femme en trait une. Ce bon tableau eſt peint ſur bois dans le genre de Berghem. H. 21 p. l. 27.

197 Un Payſage, à la droite duquel ſont deux Pâtres qui ſe repoſent à l'ombre d'une haie, & cauſent enſemble: vers le milieu, ſur une petite élévation, on voit des moutons & deux vaches, dont une blanche & rouſſe eſt debout: un ciel clair & d'un ton argentin, répand la lumiere ſur ce bon Tableau. Bois. H. 16 p. l. 20 & demi.

198 Un Payſage, d'un ton doré; il repréſente l'entrée d'un bois: on voit ſur le

premier plan à gauche, un homme; une femme & un chien: sur le second plan, deux hommes qui conduisent une meute de chiens. Bois. H. 10 p. & demi, l. 11.

KUYP ET MOLENAERT.

199 Deux tableaux en pendant. L'un dans le genre de Kuyp, représente la Vue d'un Village situé sur le bord d'un canal glacé. Un homme conduit un cheval qui tire sur la neige un traîneau chargé de quatre personnes. L'autre, peint par Molenaërt, représente des cascades qui forment un lac. Bois. H. 10 p. & demi, l. 9.

REMBRANDT VAN-RTN.

200 Un Portrait de Femme vue jusqu'aux genoux & de grandeur naturelle; elle a une toque blanche sur sa tête qui est vue plus que de profil, & porte une grande fraise autour de son col. Sa main gauche est posée sur une table couverte d'un tapis rouge, & l'autre est levée. Ce tableau d'un fini extraordinaire aux ouvrages de ce Peintre, mérite une distinction particuliere. Il vient de la collection de M. de la Live. Toile. H. 40 p. l. 35.

201 L'Intérieur d'une Chambre dans laquelle est un Vieillard malade assis dans un grand fauteuil & endormi; il a la tête appuyée sur la main gauche, & la droite est dans son habit: devant lui est un feu allumé dans la cheminée, près laquelle

quelle est un pot de terre. Ce tableau, d'une belle pâte de couleur, & extrêmement fini, a l'expression la plus caractérisée. Il a été gravé à l'eau-forte par Rambrand lui-même. Il vient du Cabinet de feu M. Aved, Peintre du Roi. H. 19 p. l. 15. Bois.

202 La Vue d'une vaste campagne. On y découvre une grande Ville située au pied des montagnes, vers laquelle s'avance un carosse attelé de six chevaux, & plusieurs personnes répandues sur les chemins: sur le premier plan, sont des maisons bâties en briques, environnées d'une plantation d'arbres qui les sépare d'une petite élévation sur laquelle est un moulin à vent: dans l'une des cours de ces maisons, est un puits près duquel est une femme; une autre tient un seau plein d'eau pour le jetter sur du linge qui est étendu: un canal, qui baigne les murs de la Ville, se distribue dans la campagne qui est couverte de troupeaux & de moissons.

Ce tableau, du meilleur ton de couleur & du plus grand effet, est rempli de détails piquans & variés. Il est sur toile, de forme ovale, dans une bordure carrée. H. 27 p. l. 36.

203 Une vieille Femme assise, & vue jusqu'aux genoux: elle a les mains jointes, dans l'attitude de prier. Ce morceau, d'une touche savante, rempli de caractere

& d'un riche ton de couleur, est peint sur bois. H. 10 p. l. 9.

CÉSAR EVERDINGEN.

204 Un Paysage, d'un site agreste & montagneux, à la droite duquel on voit un torrent qui tombe en cascades. Bois. H. 17 p. l. 22.

EMMANUEL DE WIT.

205 L'Intérieur de la Cathédrale de Mayence, d'une architecture gothique, & décorée de tombeaux. La perspective y est admirablement observée. Sur toile. H. 23, l. 43.

ANTOINE DE LORME.

206 L'intérieur d'un Temple de Protestans, orné de colonnes, & d'une galerie également décorée qui regne autour: il est éclairé par un très-grand lustre de cuivre suspendu à la voûte. A la droite, sont deux personnes de distinction qui entrent précédées d'un Domestique qui tient un flambeau: derriere est un Portier qui chasse des enfans qui jouent: à la gauche, est un pauvre qui demande l'aumône, & qui la reçoit d'un homme qui tient une lanterne; un grouppe de cinq figures, dont l'une Femme de qualité avec sa Suivante, & deux hommes avec des bottines & éperons, deux chiens lévriers près d'eux: le milieu offre environ vingt autres figures,

placées sur différens plans. Les effets de lumiere, merveilleusement rendus, la perspective admirablement observée, la beauté des figures, la conservation, l'ensemble de ce tableau, le font regarder avec justice, comme un chef-d'œuvre de l'Art, digne d'orner le Cabinet d'un Prince. Il est peint sur bois. H. 42 p. l. 54.

ABRAHAM DIEPENBEK.

207 Six Amours, ornant de guirlandes de fruits la Statue de Pomone, placée dans une niche. Ce tableau, d'un coloris brillant, a long-tems passé pour être de Rubens. Il est un des meilleurs de cette Ecole. Bois. H. 34 p. l. 24.

PALAMEDE STEVENS.

208 L'entrée d'un vestibule, orné de colonnes, entre lesquelles est suspendu un rideau de velours cramoisi: une femme accompagne de la guitarre une autre qui chante: un homme placé derriere elle, l'écoute, ainsi que deux autres personnes qui sont debout: sur le devant, une femme vêtue de taffetas couleur de rose, & tenant un verre à la main, s'entretient avec un Gentilhomme, couvert de son manteau, ayant à ses jambes des bottes avec leurs éperons: ils sont devant une balustrade qui donne sur la campagne. Ce

tableau, d'une grande harmonie, est peint sur bois. H. 15 p. l. 18.

GÉRARD TERBURG.

209. Une femme vêtue d'un corset jaune & d'une jupe de satin blanc garnie de dentelle noire : elle est assise près d'une table couverte d'un tapis rouge, sur laquelle sont une éguière & son plat de porcelaine, une écritoire & un flambeau : elle lit une lettre qu'un Messager debout à la porte de sa chambre, vient de lui apporter : une Négresse placée derriere elle, se dispose à tirer les rideaux de son lit. La beauté du pinceau, l'expression, toutes les parties de ce tableau, le rendent d'un très-grand mérite : il est gravé dans la collection des Maîtres Flamands & Hollandois. Toile. H. 21, l. 19.

210 Une jeune femme assise devant sa toilette ; elle est habillée d'un manteau de lit de velours rouge bordé d'hermine, & d'une juppe de couleur pourpre : derrière elle, est un jeune homme qui lui présente une lettre ; sur le mur de la chambre, on voit un grand paysage dans une bordure d'ébène. Ce tableau, très-fini, est rendu avec la plus parfaite vérité, & peint sur bois. H. 15 p. l. 12 p. & demi.

211 La Chambre d'une Courtisanne, vêtue d'un manteau de velours bleu, garni d'hermine, mis sur une jupe de satin blanc :

elle est assise près d'une table, sur laquelle sont des huîtres dans un plat, & des fruits dans un autre: elle tient un verre d'une main, & un pot de l'autre: un vieux Militaire en cuirasse & en bottes, est assis près d'elle, & lui présente des pièces d'or. On voit dans la chambre une grande cheminée & un lit. Ce tableau agréable est peint sur toile. H. 24, l. 19.

ADRIEN BRAUWER.

212 Un Tableau composé de quatre figures de Paysans: deux sont assis près d'un tonneau, sur lequel ils jouent aux cartes: les deux autres, dont un est habillé de noir & porte un chapeau, sont attentifs à regarder les Joueurs. Ce morceau, d'une très-grande finesse, & plein d'expression, a été enlevé & remis de bois sur toile. H. 14 p. l. 13.

DAVID TENIERS le jeune.

213 L'Intérieur d'une Taverne: trois Paysans & un Soldat, dont deux jouent aux cartes, sont assis près d'un banc, un cinquième est debout, tenant un verre de bierre: trois autres sont près de la cheminée, & se chauffent: différens ustensiles sont distribués dans la chambre. Ce tableau capital est peint avec une vigueur & une magie étonnante, sur bois. H. 36 po. l. 46.

14 Un riche Paysage. Sur le premier plan

un Berger, ſuivi d'une femme tenant un pot au lait, conduit un troupeau de bœufs & de moutons : plus loin un autre Berger jouant du chalumeau, conduit d'autres moutons ſur un pont qui mene à une ferme devant laquelle ſont deux hommes, une femme & trois vaches : elle eſt adoſſée à des montagnes, au bas deſquelles ſont des arbres qui s'étendent juſques ſur une riviere qui arroſe une vaſte campagne. Ce tableau, d'un beau ton tranſparent, & d'une touche vraie & ſpirituelle, eſt du bon tems de ce Maître. Toile. H. 25, l. 34.

215 Deux Tableaux en pendant. Dans l'un neuf Convives, dont une femme, ſont aſſis autour d'une table ſervie : un homme vêtu de bleu, chante en tenant un verre de bierre, un autre coupe du jambon : une Servante ſort, tenant un pot & un plat : un baquet, un chien, des cruches, un ballet, ſont dans la chambre à terre. L'autre Tableau repréſente une tabagie, compoſée de neuf figures, dont deux jouant aux cartes, d'autres buvans de la bierre, fumans & ſe chauffant devant la cheminée. Ces deux morceaux, du bon tems du Maître, ſont agréables par l'effet & la compoſition. Toile. H. 10 p. l. 13.

216 Un Pont, au bout duquel eſt une ancienne Tour ruinée : au delà on voit une maiſon, devant laquelle ſont des arbres :

un homme conduit trois bœufs qui traversent le pont qui domine sur une campagne étendue, terminée par des montagnes. Sur le devant, sont des Pâtres qui gardent des troupeaux qui paissent sur le bord de la rivière. Ce tableau, transparent de couleur, est d'une jolie & aimable composition. Bois. H 10 po. l. 13.

217 Un intérieur de Chambre. Trois Paysans, dont deux assis & un debout sont autour d'une table; un des trois tient du tabac à fumer dans du papier: un autre tient un pot de bierre & sa pipe; un troisième les regarde: une femme portant un pot & une assiette, entre dans la chambre: dans le fond, un homme est appuyé contre le mur. Un tonneau & de la poterie ornent ce tableau, qui est d'un ton argentin, & du bon tems du Maître. Bois. H. 10 p. l. 13.

218 La Vue d'une Eglise de Village, de quelques chaumières, & d'arbres. Un Paysan parle avec le Curé qui sort de son Eglise; trois autres Paysans, arrêtés près d'une croix, causent ensemble; d'autres figures, touchées avec esprit, sont distribuées dans ce tableau, dont le ton de couleur est très-argentin. Toile. H. 14 p. l. 20 p. & demi.

219 Trois Fumeurs assis autour d'une table, & buvant de la bierre: une femme les regarde par une fenêtre: un homme est

appuyé contre le mur. Ce tableau est aussi du bon tems de ce Maître. Toile. H. 12 p. l. 8 p. & demi.

220 Un homme occupé à lire le Grimoire, & auquel les Diables apparoissent sous diverses formes. Ce tableau, d'une touche vigoureuse, & du bon tems du Maître, a été gravé par Basan, sous le titre de la Lecture Diabolique. Bois. H. 9 p. & demi, l. 8 p. & demi.

221 Le devant d'une Maison de Paysan. Un homme entre dans cette maison; une femme, qui vient d'en sortir, jette du grain à des poulets; plusieurs poules sont près de l'étable à porc. Sur le devant, est une marre d'eau, dans laquelle sont des oies & canards: des pigeons sont à la porte de leur colombier: deux autres maisons & des arbres se voyent dans l'éloignement. Ce tableau d'un bon coloris, a été gravé à l'eau-forte par Teniers. Bois. H. 13, l. 17.

222 Le Tems, sous la forme d'un Vieillard, assis près d'une table, tenant d'une main un sablier, & de l'autre sa faulx; on voit dans l'éloignement des ruines qui sont son ouvrage; un voile noir s'étend derrière lui. Toile. H. 17, l. 14.

223 Un Tableau, transparent de couleur, représentant quatre Paysans & une femme qui tient son enfant devant une cheminée. Une autre femme, tenant un enfant par

la main, entre dans la chambre. Ce tableau, ſur bois, vient de la Collection de Monſeigneur le Prince de Conti. H. 7 po. l. 6.

224 Deux tableaux, d'une touche large & du meilleur ton de couleur, repréſentans des Payſages. Dans l'un, ſont deux Bûcherons. Dans l'autre, eſt une grande chaumiere, à la porte de laquelle eſt une vieille femme. A la droite, trois Payſans, tenant des bâtons, cauſent enſemble. Toile. H. 25 p. l. 31.

225 Deux Payſans, vus à mi-corps, près d'une table. L'un eſt occupé à lire un papier. Cuivre. H. 5 p. & demi, l. 4 po. & demi.

226 Un autre Tableau, repréſentant un Payſan vu à mi-corps, tenant un pot de bierre & un verre. Sa femme eſt derrière lui, qui lit un papier. Bois. H. 6 p. & demi, l. 5.

227 Trois Pâtres, dont deux jouent aux cartes. Près d'eux, ſont des troupeaux de bœufs & de moûtons. A la gauche, eſt une haute colline, ſur laquelle ſont des maiſons; on y voit auſſi des troupeaux dans l'éloignement. Toile. H. 21, l. 30.

228 Une charmante copie de la petite Fête Flamande, dont l'original étoit chez M. Randon de Boiſſet, faite par un Artiſte d'un talent ſupérieur, & du tems du Maître. Cuivre. H. 6 p. l. 7.

TABLEAUX, PASTICHES DE DIFFÉRENS MAÎTRES, PAR DAVID TENIERS.

229 Un Pastiche de Teniers, dans le genre de Metzu; il représente la maison d'une Fruitiere de campagne, devant laquelle sont étalées différens légumes sur des tables & dans des paniers. Une Villageoise tenant un pot de cuivre à son bras, paroît demander le prix des artichaux, que la Marchande lui montre. Un Vieillard sort de la maison, tenant un panier chargé de fruits. Sur le devant est un chien lévrier. On voit dans l'éloignement une femme qui descend d'une colline, sur laquelle sont des maisons.

Ce Tableau, d'un fini admirable, fait connoître l'universalité des talens de cet Artiste qui saisissoit le genre de tous les Maîtres. Bois. H. 18 p. l. 24.

230 Une Tabagie, composée de cinq figures assises près du feu. Une femme qui a l'air au-dessus du commun, tient un verre de bierre. Un Paysan lui met la main sur l'épaule, & la regarde en riant. Un autre met du tabac dans sa pipe. Ce Tableau, dans le genre de Brauwer, est peint avec une vérité inconcevable & une grande fermeté de touche. Bois. H. 12 p. l. 17.

231 Les trois Maries & la Vierge, tenant le Christ mort. Derrière elles, sont d'un côté Saint François qui montre ses stigmates,

de l'autre Sainte Scolaſtique. Les inſtrumens de la Paſſion ſont ſur le devant de ce Tableau, qui eſt dans le genre des Peintres Vénitiens, & qui fait voir à quel degré Teniers imitoit tous les Maîtres. Sur bois. H. 11 p. l. 8.

232 Un Payſage dans la maniere de Salvator Roſe, & qu'on ne feroit aucune difficulté de lui donner, ſi le Peintre ne s'étoit décélé dans quelques parties. Il repréſente un Pays montagneux & des lointains très-étendus, d'où ſort un fleuve qui tombe ſur le devant en caſcades. On y voit deux Bûcherons. Toile. H. 26 po. l. 32.

233 Deux tableaux, parfaitement reſſemblant au faire de Jacques Baſſan; ils repréſentent des troupeaux. Dans l'un, on voit un Berger qui joue de la flûte. Dans l'autre, deux enfans, dont un à genoux, boit dans un vaſe. Ces deux morceaux, ſupérieurs en ce genre, ſont peints ſur toile. H. 13 p. & demi, l. 17 p. & demi.

234 Un Paſtiche, dans le genre du Tintoret, repréſentant Jéſus-Chriſt au Jardin des Olives. Toile colée ſur bois. H. 15 p. l. 11.

235 Daniel dans la foſſe aux Lions, paſtiche dans la manière italienne. Toile. H. 21 p. l. 32 p. & demi.

236 Un autre paſtiche, dans le genre des

anciens Maîtres, repréfentant les Pélerins d'Emaüs. Toile. H. 23, l. 27.

ADRIEN VAN OSTADE.

237 Un Chymifte foufflant avec activité le feu, fur lequel eft un creufet dont la vapeur s'exhale dans une grande cheminée. Des préparations chymiques font autour de lui. On voit des cornues, des alambics, des mortiers, tamis, vafes & fioles remplis de drogues, fa pipe & fes lunettes pofées fur un fiége de bois à trois pieds. Un vieux Livre eft jetté par terre, où eft auffi un papier avec ces mots, *Oleum & operam perdis*, qui font voir qu'il s'occupe du grand Œuvre. Au fond de la chambre, eft une femme affife fur un banc, qui nettoye fon enfant; une petite fille, fuivie d'un chien, qui va chercher à manger dans un bas d'armoire, & un petit garçon affis à terre, qui porte un morceau de pain à fa bouche. Ce tableau peint en 1661, eft inconteftablement un des plus beaux de ce Maître: on en connoît peu qui puiffe l'égaler, foit pour l'expreffion, & le grand fini, foit pour la plus parfaite confervation. Il vient du Cabinet de M. de la Live. Bois. H. 12 p. & demi, l. 16 & demi.

238 Une Tabagie, compofée de cinq figures d'homme, l'un jouant du violon; le fecond appuyé fur une table & fumant fa

pipe, le troisième assis sur une chaise de paille, tenant un verre rempli de bierre, & chantant ; le quatrième debout devant la cheminée, & le cinquième remplissant sa pipe de tabac. Un buffet ouvert laisse appercevoir différens ustensiles. Sur le plancher, sont des bancs, & un pot à bierre. Ce tableau, d'une riche composition & d'un beau ton de couleur, est sur bois. H. 14 p. l. 12.

239 Une Tabagie, composée de trois Paysans assis autour d'une table. Ce tableau très-fin, de forme ronde, dans une bordure carrée, est sur bois, & porte 5 p. de diamètre.

240 Un Intérieur de Chambre, où l'on voit trois Paysans, dont deux sont assis près d'une table : ils sont occupés à boire & à fumer. Sur un plan éloigné, un homme vu par le dos est appuyé sur une porte, par l'ouverture de laquelle on découvre la campagne. Ce morceau, d'un beau ton de couleur, est peint sur bois. H. 10 po. 3 lig. l. 8 p.

241 Un autre Tableau, du même genre, & composé de trois figures vues à mi-corps. La chambre où ils sont, est éclairée par une croisée donnant sur un jardin. H. 8 p. & demi, l. 7.

242 L'Intérieur d'une Chambre, où l'on voit une Famille prenant son repas. Ce tableau, d'un coloris vigoureux & trans-

parent, eſt dans le genre d'Oſtade. Bois. H. 9 p. l. 8.

ISAAC OSTADE.

243 Le Dehors d'une Maiſon de Payſan, à la porte de laquelle on voit un cochon ouvert, & attaché à une échelle. Plus loin une vieille femme & une petite fille ſont occupées à faire du boudin. Différens uſtenſiles de Ménage, & une vigne qui s'étend autour de la maiſon, ajoutent à l'effet de ce Tableau, dont les détails & la vérité de la touche ne laiſſent rien à deſirer. Bois. H. 17, l. 14.

WILLEM VANDEN-VELDE.

244 Une Vue de Mer chargée de pluſieurs vaiſſeaux & barques. Sur le devant, deux Matelots conduiſent un bateau près d'un banc de ſable. Le ton de couleur de ce Tableau eſt pur, & rend parfaitement l'effet d'un beau calme. H. 12 p. l. 13.

SIMON DE VLIEGER.

245 Une Vue de Mer chargée de pluſieurs barques de Pêcheurs, priſe du haut de deux collines, ſur le ſommet d'une deſquelles on apperçoit une Ville. Ce Tableau, d'un ton argentin & d'un ciel vaporeux, eſt peint ſur bois. H. 13 p. l. 19.

246 Un autre Tableau, repréſentant une Vue de Mer, ſur laquelle ſont des barques où des Matelots s'occupent de la

Pêche. On voit deux Villes dans l'éloignement. Il est du même ton que le précédent. Bois. H. 24 p. l. 20.

247 Une Vue de Mer par un tems d'orage. Elle est chargée de vaisseaux & de barques dans l'une desquelles sont des Passagers. Toile. H. 22 p. l. 29.

248 Une Rade, où plusieurs vaisseaux de guerre sont à l'ancre. On voit dans l'éloignement le port. Sur le devant, des Matelots s'occupent de la pêche. Ce tableau, d'une belle couleur, est peint sur bois. H. 16 p. l. 19.

249 Deux Paysages, ornés de figures. Ils sont peints sur cuivre, & ont des bordures de bronze. H. 4 p. & demi, l. 6 p.

250 Un autre Paysage, d'une riche composition. On y voit deux figures près d'un rocher d'où sort une fontaine, des troupeaux, & une rivière dans l'éloignement. Toile. H. 27, l. 38.

GÉRARD DOW.

251 Le Buste d'une jeune Femme vue de trois quarts, couverte d'un manteau fourré, ayant une chemise plissée sur laquelle pend une chaîne d'or: ses cheveux blonds tombent négligemment sur son épaule.

Ce Tableau, sur bois, de forme ovale, est peint dans le tems que cet habile Artiste travailloit avec Rembrand, & réunit à la manière de ce Maître le coloris de Rubens. Il eſt dans une riche bordure carrée. H. 16 p. l. 13.

252 Un Vieillard vénérable, repréſenté à mi-corps devant une table. Il a une barbe blanche, & eſt coëffé d'une toque. Dans ſes mains qui ſont croiſées, il tient une paire de gands. Son habillement de velours pourpré eſt garni d'hermine. Ce tableau, d'une grande fineſſe de pinceau, eſt inconteſtablement de Gérard Dow, étant dans l'Ecole de Rembrand. Il eſt d'une harmonie & d'un ton de couleur admirable, & vient de la Collection de Monſeigneur le Prince de Conti. Bois. H. 20 p. l. 16 p. & demi.

GABRIEL METZU.

253 Une Dame qui paroît être une Religieuſe, préſente ſur le pas de la porte de ſa maiſon du vin à un Cavalier dont le Domeſtique tient le cheval par la bride. Ce précieux Tableau vient du fameux Cabinet de Lubling à Amſterdam, & ſe trouve cité dans la Vie des Peintres Hollandois par Deſcamps, tome 2, page 243. Il eſt gravé par le Tellier. Toile collée ſur bois. H. 48, l. 19.

254 Un Intérieur de Chambre, dont la porte ouverte laiſſe voir la campagne. Un Homme vêtu à l'eſpagnol, coëffé d'un chapeau garni de plumes, & tenant un fuſil, en dort. Il regarde d'un air riant une jeune

jeune femme qui est près de lui, & qui tient deux citrons dans sa main. Dans l'enfoncement de la chambre, & près d'une cheminée, sont plusieurs personnes autour d'une table. Ce tableau vient du Cabinet de M. Péters. Toile. H. 38, l. 24.

255 Une magnifique copie de l'Ecailleuse de poisson. Tableau cintré, sur bois. H. 12, l. 9.

THOMAS WYCK.

256 Un Chymiste dans son Laboratoire, occupé au grand Œuvre. Sa femme est assise près de la cheminée. Des fourneaux, fioles, vases, ustensiles de cuivre & de verre, & une quantité de livres ouverts, sont distribués dans ce tableau qui est du meilleur faire de ce Maître. Toile collée sur bois. H. 17 p. l. 14.

257 Un autre Laboratoire. On y voit un Chymiste devant une table, feuilletant un gros volume. Des objets analogues à son Art, sont répandus avec la plus grande vérité dans ce Tableau, peint sur bois. H. 15, l. 13.

GOVAERT FLINCK.

258 Le Portrait, à mi-corps, d'une Femme coeffée d'un bonnet noir à bec, ayant une grande fraise blanche plissée autour du col; elle est vêtue d'une robe de soie noire garnie d'une dentelle noire. Un coloris parfait, une dégradation heureuse dans les

teintes des carnations, rendent ce tableau ſi ſupérieur, qu'il eſt difficile d'en trouver un où la nature ſoit ſi bien rendue. Toile. H. 27 p. l. 24.

HANS JORDANS.

259 Le Pillage d'un Village par un Parti de Cavalerie. Ce tableau, d'une compoſition intéreſſante & variée, eſt peint ſur bois. H. 22 p. l. 30.

PIERRE VANDER FAES, dit LELY.

260 Le Portrait en pied de l'Amiral Ruyter. Toile. H. 64 p. l. 42.

261 Les portraits hiſtoriés de Vandick, Jean David de Heem & Breughel. Ils ſont aſſis autour d'une table, & paroiſſent diſcourir ſur la Peinture. Dans le fond de la Chambre, ſont placés ſur le mur trois Tableaux qui caractériſent le genre de chacun de ces Peintres. Ce tableau rendu avec beaucoup de vérité, eſt certainemenr de l'Ecole de Rubens. Bois. H. 18, l. 14.

GONSALES COQUES.

262 Archimède aſſis au bas d'une colonne d'où l'on découvre la campagne, & tenant ſous ſa main un globe. Ce tableau, plein de caractere, eſt bien fondu dans les draperies, & du bon tems de ce Maître. Bois. H. 14 p. l. 11.

263 Le Portrait d'un jeune Enfant coëffé d'une toque rouge avec une plume. Il eſt

vêtu d'une robe de velours cramoisi, avec des boutonnieres brodées en or, & porte une ceinture blanche également brodée en or. Bois. H. 24 p. l. 18.

CORNEILLE BEGA.

264 L'Intérieur d'une Maison de Paysan. Une femme assise près d'un tonneau, s'amuse à chanter. Un homme la tient embrassée ; un Vieillard lui présente un verre de bierre. Ce tableau, d'un bon effet, est peint sur toile collée sur bois. H. 11 po. l. 9.

265 L'Intérieur d'une chambre où des Paysans chantent en buvant de la bierre ; on y voit deux femmes dont une est assise. Des ustensiles de Ménage sont distribués dans ce logement. Cuivre. H. 12 p. l. 15.

HEEMSKERCK.

266 Une Chambre, dans laquelle on voit trois Paysans devant une cheminée ; l'un est assis sur un petit banc, tenant d'une main un verre de bierre, & de l'autre sa pipe. Ce Tableau aussi fin qu'on puisse le désirer de ce Maître, est peint sur bois. H. 9 p. l. 7.

267 Une composition d'onze figures, qui sont occupées à se divertir. Sur le devant une femme assise, tenant une chanson, parle à un garçon assis près d'elle. Bois. H. 14, l. 17.

268 Des Soldats se divertissant avec des

femmes dans une hôtellerie. Toile. H. 13 p. l. 17.

269 Trois Payſans dans une chambre, aſſis près d'une table, occupés à boire & fumer. Ils ſont vus à mi-corps. Bois. H. 8, l. 7.

PIERRE GYSEN.

270 La Vue d'un Village de Flandres, ſitué ſur un canal qui eſt gelé, & où des perſonnes patinent; la neige eſt répandue ſur les maiſons & dans la campagne. Ce tableau eſt un des meilleurs de ce Maître. Cuivre. H. 7 p. l. 9.

WILLEM VAN-BLEMMEL.

271 La Vue d'un beau Payſage, dont l'éloignement offre une campagne étendue arroſée d'une rivière. Une Forêt occupe le devant du tableau; on y voit un halte de chaſſe. Un Chaſſeur, monté ſur un cheval blanc, donne du cor pour rappeller les chiens qui ſe raſſemblent autour de lui; d'autres Chaſſeurs ſont déjà aſſis; on en découvre plus loin qui arrivent. Ce tableau, d'une grande vérité, & où les lumières & les ombres ſont obſervés avec ſoin, eſt peint ſur toile.

LE PETIT MOYSE.

272 La Vue de l'iſſue d'une Forêt, d'où l'on voit un pays très-étendu. Ce Tableau, ſur bois, eſt touché avec force, & orné

de petites figures. H. 14 po. l. 21 po. & demi.

PHILIPPE WOUWERMANS.

273 La Vue d'un terrein coupé de collines; à gauche, sur le premier plan sont trois chevaux attachés à des arbres, dont un rue; plus loin, trois autres chevaux & trois personnes sont arrêtés. Au-dessus de la colline, est une charette attelée d'un cheval. Au milieu du tableau, sont onze Soldats qui font une halte; à la droite, on voit deux chevaux, sur l'un desquels un Cavalier attache son manteau; dans l'éloignement, sont une tour éclairée du Soleil, des moulins à vent, des terreins fermés de haies, & des Villages terminés par des montagnes.

Ce Tableau, d'une riche composition, d'un beau coloris, & d'un ton transparent, est du bon tems de ce Maître Toile. H. 25 p. l. 36.

274 La Vue d'une Hôtellerie, près de laquelle des Passans sont assis. Une femme est à la fenêtre; une autre tient un enfant par la main; trois chevaux, dont un blanc, sont attachés à un ratelier; un homme leur porte à manger. Un Voyageur tient un autre cheval par la bride. Sur la droite, sont deux personnes assises; trois autres arrangent une meule de foin. Ce tableau, d'une grande correc-

tion de deſſin, eſt peint avec beaucoup d'harmonie. Il eſt du bon tems de ce Maître. Toile. H. 17 p. l. 20.

275 Un Tableau, d'une très-grande compoſition; il repréſente une eſpece de fête; des Payſans, hommes, femmes & enfans, raſſemblés devant un cabaret, forment différens groupes; l'un d'eux, monté ſur un tonneau, joue de la muſette; derrière lui, eſt un bouquet d'arbres, qui ſe détache ſur un beau ciel. Ce morceau, reſſemblant dans quelques parties au genre de Bamboche, eſt auſſi intéreſſant par ſa touche ſpirituelle, que par le beau ton de couleur qui y regne. Toile. H. 24, l. 32.

276 Un Payſan arrêté à la porte d'un Maréchal, & faiſant ferrer un cheval blanc. Un enfant coëffé d'un grand chapeau eſt debout. La porte de la maiſon du Maréchal, ouverte, laiſſe appercevoir un homme qui travaillle à la forge; on voit dans l'éloignement deux hommes, les maiſons & le Clocher d'un Village; un petit ruiſſeau occupe le devant du terrein. Ce tableau, du bon tems du Maître, eſt d'un effet juſte, & pris dans la nature. Il eſt gravé ſous le titre de la petite Forge du Maréchal. Bois. H. 16 p. l. 13.

277 Un Payſage d'Hiver, vu dans un tems de neige. Sur le devant, au bord d'une rivière glacée, ſont des Bûcherons occupés à abattre de grands arbres, tandis

que d'autres en chargent le bois dans une voiture. A la gauche, eſt une maiſon près de loquelle une Dame ſe fait conduire en traîneau. Ce tableau, dont on trouve l'eſtampe, eſt rendu avec vérité & d'un ton de couleur analogue au ſujet. Bois. H. 17 p. l. 23.

278 La Vue d'une Rivière & du paſſage d'un Bac dans lequel ſont deux Paſſans & le Conducteur. Sur le premier plan, eſt une Payſanne ayant deux moutons près d'elle; des lointains & une chaumière environnée d'arbres terminent la compoſition de ce bon & agréable tableau qui eſt peint ſur bois. H. 11 p. l. 8.

279 Un Ecuyer, tête nue, tenant un cheval blanc par la bride. Plus loin, un homme embraſſe une femme près d'un arbre. Sur le devant eſt un ruiſſeau: des montagnes ſe voyent dans l'éloignement. Bois. H. 13 p. l. 11.

280 Deux ſuperbes copies d'après les tableaux originaux qui ont appartenu à M. de Voyer; l'un repréſentant des Voyageurs arrêtés à la porte d'une hôtellerie placée ſur une éminence; l'autre une belle campagne, où paſſent pluſieurs perſonnes ſur un chemin qui borde un lac où des hommes ſe baignent. Bois. H. 9 p. l. 12.

281 Une belle & ancienne copie, faite dans l'Ecole de ce Maître, & d'après lui: elle repréſente une Halte de Soldats & Cavaliers

près la tente d'un Vivandier. Bois. H. 13; l. 18.

PIERRE WOUVERMANS.

282 Une Bataille d'une grande & riche composition. Sur le devant, est un choc de Cavalerie, & un Officier étendu mort. Toile. H. 51 p. l. 75.

283 Un tableau d'un effet piquant & d'une touche ferme. Il représente une éminence d'un terrein sabloneux, à la gauche duquel tourne un chemin où l'on voit un Chasseur habillé de rouge ayant son chien devant lui; dans le fond, en plan coupé, on découvre le toît d'une Ferme; une marre dans laquelle un cheval boit, occupe la droite. Bois. H. 12 p. l. 17.

284 Deux tableaux en pendans, représentant des Paysages de sites élevés, sur le haut desquels sont construites des habitations. Dans l'un, on voit un Berger & des chevres; dans l'autre, un Chasseur qui tire un coup de fusil. Ils sont d'un bel effet. Bois. H. 25, l. 18.

GROOM.

285 Un Paysage, dont la gauche présente une touffe d'arbres, au bas desquels sont des Bohémiennes. Dans le milieu, un Berger se fait dire sa bonne aventure par une de ces femmes. On voit à la droite du tableau un Cavalier. L'horiion se termine par des lointains de prairies & de monta-

gnes. Ce tableau qui tient du genre d'Isaac Ostade est peint sur bois. H. 15 p. & demi, l. 29.

BLOEL.

286 Une Foire de Village, où l'on a conduit une quantité de porcs. Ce bon tableau, dont les figures sont en grand nombre, est rendu avec vérité. Bois. H. 14 p. l. 21.

JEAN BOTH, dit BOTH D'ITALIE.

287 Un riche Paysage, avec de grands arbres. Sur le devant est un ruisseau; un homme y fait boire son cheval; deux Chasseurs tiennent près de lui une meute de chiens: au second plan, deux femmes lavent du linge dans une fontaine. Le site de ce tableau est très-intéressant, le ciel en est brillant, & le lointain admirable. Toile. H. 27 p. l. 33.

288 Un Paysage montagneux, orné de fabriques & chûtes d'eau: on voit sur une roche des Passans qui conduisent un mulet. Toile. H. 23, l. 19 & demi.

ANDRÉ BOTH ET BAUDWINS.

289 Un joli Paysage au milieu duquel coule une rivière. Un Paysan la traverse, conduisant un chariot de foin. Plusieurs autres figures enrichissent le tableau. Toile. H. 15, l. 21 p. & demi.

A. Bois.

290 Deux Tableaux en pendant. Ils repréſentent l'un & l'autre une Vue de forêt dans laquelle ſont des chemins tracés fréquentés par des Voyageurs. Ces deux morceaux d'une touche ſpirituelle, ſont d'un ton de couleur très-vigoureux. Bois. H. 22 p. & demi, l. 18.

Bartholomé Bréemberg.

291 Un Tableau capital, repréſentant à la droite les ruines d'un ancien Palais. Une femme qui paroît être la Souveraine portant un carquois rempli de fleches, poſe une couronne de fleurs ſur la tête d'une autre femme qui eſt à genoux devant elle, & tient une fleche en ſa main; elle eſt accompagnée de huit autres femmes; à gauche, ſont trois femmes dont deux s'embraſſent; la troiſième tient des roſes; le milieu offre un Payſage étendu où l'on voit dans l'éloignement trois autres femmes armées d'arcs & de fleches, & une tour fort élévée, contigue à pluſieurs édifices. Le ſujet & les figures de ce beau tableau ſont traités avec nobleſſe; & quoique ces figures ſoient plus grandes qu'il ne les peignoit ordinairement, elles ſont auſſi précieuſes & auſſi finies que celles de ſes petits tableaux. Toile. H. 28 p. & demi, l. 38.

292 Deux tableaux de forme ovale, dans des bordures à coins; l'un repréſente une

chûte d'eau; sur la droite, sont deux bœufs & leur conducteur sur une élévation près d'un bois; la gauche offre une maison entourée d'arbres, au bas de laquelle sont des troupeaux. Le second tableau représente l'entrée d'un Hermitage devant lequel est une croix; un homme conduit un cheval chargé; trois autres sont sur un second plan, & plus loin un Berger venant d'un Hameau conduit un troupeau de mouton. Ces deux Tableaux d'un mérite supérieur, sont décorés d'un beau ciel d'Italie, où l'Auteur les a peints. Bois. H. 9, l. 12.

293 Une ancienne Ruine, au bas de laquelle est une chaumière ouverte, où les Bergers viennent adorer l'Enfant Jésus; leurs troupeaux sont répandus dans la campagne; une femme qui vient d'offrir ses présens sort de l'étable.

Ce tableau, dont les figures sont peintes par Corneille Poélembourg, est d'une finesse étonnante, & mérite l'attention des Connoisseurs. Bois. H. 13 p. l. 17 & demi.

294 Le Baptême de Jésus-Christ, composition de plus de vingt figures peintes par Corneille Poélembourg. Ce tableau, dont le site paroît être pris dans les environs de Rome, est enrichi de belles ruines, de fabriques & de lointains agréables. Le ciel, d'un effet analogue au sujet, pré-

ſente une gloire où les Anges forment différens groupes. Ce morceau, d'un pinceau moëleux, eſt peint ſur bois. H. 9 p. l. 13.

295 Deux Tableaux de forme ovale, dans des bordures quarrées, faiſant pendant. L'un repréſente une campagne ornée de ruines de beaux édifices, & couverte de troupeaux. Sur le devant eſt la lutte de l'Ange avec Jacob. L'autre repréſente une campagne très-étendue, arroſée par une rivière. On voit à la droite un ancien bâtiment, ſitué ſur un rocher, au bas duquel eſt un troupeau de bœuf qu'un Berger garde. Les deux figures placées ſur le premier plan, déſignent un ſujet de l'Hiſtoire de Tobie. Ces deux Tableaux, d'un ton argentin, ont été peints en Italie, & viennent du Cabinet de M. de Gagny. Bois. H. 10 p. & demi, l. 16.

296 Une belle Campagne des environs de Rome; à la gauche, ſont de beaux lointains arroſés d'une rivière; à droite, des Ruines d'édifices & des arbres; ſur le devant, un Berger tenant une cornemuſe, parle à une femme; d'autres perſonnes, conduiſant des troupeaux, ſont ſur des chemins. Ce Tableau, précieuſement peint vient de la Collection de M. le Duc de Saint Aignan. Bois. H. 9 p. & demi, l. 14 p.

297 Deux Tableaux en pendans, peints ſur

cuivre. L'un repréſente des rochers & une chûte d'eau ; ſur le devant, eſt un pont de bois ſur lequel un homme habillé de rouge fait paſſer un âne ; à la gauche, eſt un chariot attelé de deux bœufs, conduit par un homme. L'autre repréſente une rivière, un pont, de beaux lointains, & une grande nappe d'eau; on y voit quatre hommes & une femme. Ils ſont du bon tems du Maître, & viennent de la Collection de M. le Duc de Saint Aignan. H. 10 p. l. 13 p. & demi.

298 Un Rocher, d'où l'eau tombe à travers des arbres & brouſſailles, ſur différens plans. Ce Tableau précieux eſt orné de pluſieurs figures, dont la principale eſt une femme portant un paquet ſur ſa tête & ayant près d'elle un enfant. Cuivre. H. 6 p. l. 8 p. & demi.

299 La Vue d'un Lavoir, ſitué ſous une roche. On y voit une grande pierre qui ſert de table, près de laquelle ſont deux hommes; une femme qui vient de laver du linge, ſort de la grotte. Bois. H. 6 p. l. 9.

300 Un Payſage de forme ronde, repréſentant une grotte & des ruines d'édifices. Ce joli Tableau orné de pluſieurs figures, vient de la Collection de M. le Duc de Saint Aignan. Bois. 5 p. & demi de diametre.

301 Un Payſage, avec des Ruines. Un Homme coëffé d'un turban, parle à une

Femme: près d'eux est un enfant qui ramasse du bois. Bois. H. 11 p. l. 13.

302 Deux Paysages, faisant pendant, peints avec beaucoup de soin sur cuivre, dans la manière de Bréemberg. Ils sont ornés de figures. H. 6 p. l. 9.

HENRY ZORG.

303 Un Corps-de-Garde, établi sous d'anciennes Ruines; un Officier y donne des ordres à des Soldats qui y sont avec leurs armes. Sur le premier plan, sont deux femmes assises avec un autre Soldat. Ce Tableau, d'un coloris agréable, est dans le genre du Bourdon. Bois. H. 11 p. & demi, l. 9 p. & demi.

JACQUES VANDER-DOES.

304 Différens Personnages arrêtés à la porte d'un cabaret, & se disposant à partir pour la Chasse. Bois. H. 14, l. 18.

NICOLAS BERGHEM.

305 Un Tableau, d'une grande légereté de couleur, d'une touche spirituelle & fine. Il représente un grand Pont ruiné sous lequel passe une rivière; un Paysan assis sur le bord de l'eau, se dispose à laver ses jambes; à côté de lui, est une Bergere qui file, en gardant ses troupeaux; plus loin, une autre, assise, trait une vache. Ce morceau, peint sur bois en 1645, porte 17 po. de h. sur 23 p. & demi de l.

306 Un Berger gardant des bœufs sur une colline ; à la gauche, est un rocher ; un ruisseau occupe le devant du tableau, dont le coloris est brillant & digne des belles productions de ce Maître. Il est peint sur bois, & vient du Cabinet de feu M. Aved, Peintre du Roi. H. 24 p. l. 18.

307 La Forge d'un Maréchal, pratiquée sous un rocher, près de laquelle un Voyageur assis cause avec une femme qui tient un pot. Un Paysan tient le pied d'un cheval blanc que le Maréchal ferre. Un homme vêtu d'un manteau rouge, est appuyé sur la selle de son cheval, près duquel sont un cheval Bay & deux chiens lévriers : deux Fileuses assises sont à la gauche, & sur le premier plan du tableau : dans l'éloignement, & sur le sommet d'une colline, on voit une femme montée sur un cheval, & accompagnée d'un homme ; des moutons paissent dans la plaine. Ce tableau, peint sur toile librement, est d'une belle touche. H. 20 p. l. 25.

308 Une Paysanne, montée sur un âne, traverse un ruisseau. Son chien saute après un morceau de pain qu'elle lui présente : près d'elle, sont un bœuf qui boit, un cheval chargé, & deux moutons. Dans l'éloignement, on apperçoit un homme avec son chien, & des maisons bâties sur des côteaux terminés par des montagnes. Le ciel bien composé, est aussi

d'une belle couleur. Bois. H. 13 p. l. 10 p. & demi.

ARNOULD VANDERNEER.

309 La Vue d'un canal pendant l'hiver, ſur lequel beaucoup de perſonnes patinent. Le fond de ce bon tableau, dont les figures ſont touchées avec eſprit, & où la perſpective eſt parfaitement obſervée, laiſſe voir des Villes & des Villages. Toile. H. 24, l. 31.

310 Un effet de Nuit, & d'un Clair de Lune, pendant lequel on voit la Ville d'Amſterdam illuminée pour une réjouiſſance publique. Toile. H. 15 p. l. 21.

VAREGE.

311 Diane accompagnée de ſes Nymphes, ſe diſpoſant à entrer dans le bain, au retour de la chaſſe, & changeant Actéon en cerf pour avoir eu la témérité de la regarder. Le fond eſt un riche Payſage dont les lointains ſont très-étendus. Ce tableau peint avec un ſoin infini vient de la Collection de Monſeigneur le Prince de Conti. Cuivre. H. 14 p. l. 18.

312 Un tableau, repréſentant une grande voûte formée par des rochers, ſous laquelle Diane & ſes Nymphes ſe baignent. On apperçoit dans l'éloignement Actéon qui s'approche pour voir la Déeſſe. Ce tableau peint ſur bois, approche fort de la

la finesse de ceux de Poélembourg. H. 16 p. & demi, l. 24 & demi.

313 La Prédication de Saint Jean; composition de sept figures. Dans l'éloignement, sur un terrein élevé, on voit une Ruine d'édifices près laquelle un Berger garde son troupeau. Ce Tableau agréable est peint sur cuivre. H. 9 p. l. 9 p. & demi.

HONDT.

314 Un Combat de Cavalerie dans une campagne. Sur un plan éloigné, à gauche, est un pont rempli de Combattans. Ce tableau touché avec esprit, & transparent, imite la manière de Teniers. Toile. H. 10 p. l. 15 p. & demi.

BARENDGAEL.

315 Deux Tableaux en pendant. L'un représente la Vue d'un Village. Sur le devant, un Cavalier descendu de cheval, est arrêté à la porte d'un Maréchal; plusieurs autres figures, hommes & femmes, ornent cette composition.

L'autre représente le dehors d'une maison de Paysan. Près de la porte, une femme retire son enfant du berceau; un homme assis sur une charrue, parle à un Paysan; à la droite, est un autre homme sur un cheval blanc.

Ces Tableaux viennent d'un Cabinet en Hollande, où on les donnoit à Ph. Wouwermans. Bois. H. 20 p. l. 16.

SCOVAERT.

316 La Vue d'un Naufrage d'Européens ſur un rivage étranger; ils ſont accueillis par les Sauvages. Bois. H. 10 p. l. 15.

ALDERT EVERDINGEN.

317 La Vue d'un Lieu champêtre. On y découvre le Clocher d'un Village, des maiſons & quelques figures : à gauche, eſt un moulin, ſous le pont duquel paſſe l'eau d'un torrent : des arbres ſont placés ſur ſes bords. Ce tableau rend ſi parfaitement la nature qu'on croit la voir en réalité. Toile. H. 25, l. 22.

THÉODORE HELMBREKER.

318 La Vue d'une forêt, ſur le devant de laquelle s'éleve un arbre touffu prodigieuſement haut : des Voleurs attaquent une voiture, & maſſacrent les perſonnes qui ſont dedans ; deux d'entre eux conduiſent une femme dans l'épaiſſeur du bois ; une autre femme ſe ſauve, tenant ſon enfant dans ſes bras. Ce tableau d'une rare beauté, a pour lui la touche, le choix & la couleur : les figures y ſont bien deſſinées, & tels que le ſujet l'exige. Toile. H. 45, l. 36.

PAUL POTTER.

319 Deux chiens, dont un eſt couché. On voit dans l'éloignement une maiſon de Payſans, devant laquelle deux femmes

étendent du linge. La nature est représentée avec la plus grande vérité dans ce tableau, peint sur bois. H. 12 p. l. 8 p. & demi.

ANTOINE GOEBOW, dit GOBBO.

320 Deux femmes assises près d'une table, à la porte d'une Hôtellerie. Un Aveugle joue du violon : il est accompagné d'un enfant qui touche du triangle : une autre femme assise, tenant un pot, & ayant derrière elle un cheval blanc, les écoute. Un joli lointain termine ce tableau. Toile. H. 15 p. l. 21.

321 Un Voyageur s'entretenant avec une femme qui est assise, tandis que son cheval boit dans une auge placée au bas d'anciennes ruines. D'autres figures enrichissent ce Tableau. Toile. H. 18 p. l. 22.

SIMON OCHTERWELT.

322 Un homme de qualité en pourpoint & haut-de-chausses, offrant un verre de vin blanc à une dame habillée en satin jaune, avec une broderie en or.

L'expression & le sentiment sont rendus dans ce Tableau avec la plus grande vérité. Il vient du Cabinet de van-Scoorel à Anvers. Toile. H. 13 p. l. 12.

322 *bis*. L'Intérieur d'une Chambre, dans laquelle un Homme assis parle à une jeune Fille qui est debout devant lui : près d'une fenêtre, est une table couverte d'un

tapis, & sur le devant une épée, un baudrier, & un chien endormi. Ce tableau, précieusement touché, est peint sur toile. H. 30 p. l. 21.

JEAN FYT.

323 Une Table, chargée de Fruits & de Gibier, parfaitement rendus. Toile. H. 22 p. l. 29.

324 Une Perdrix morte, & deux autres Oiseaux, posés sur une butte de terre; un chien semble vouloir en approcher. Le fond de ce tableau bien peint est un Paysage. Toile. H. 15 p. & demi, l. 19.

325 Des Lapins qui mangent de l'herbe. Toile. H. 13 p. l. 26.

VAN TOL.

326 Un Cordonnier assis au-dehors de sa maison, & occupé à son travail. Il parle à une jeune fille qui tient un seau de cuivre dans son bras. Ce Tableau, aussi fini que s'il étoit de Terburg, vient du Cabinet de M. de Gagny : il est gravé dans la Collection des Peintres Flamands & Hollandois. Bois. H. 17 p. l. 12 p. & demi.

GUILLAUME KALF.

327 L'Intérieur d'une Maison de Paysans: une femme entre dans la maison revenant du Marché, portant un pot au lait sur sa tête, & un panier à son bras : une vieille femme est dans la Chambre appuyée sur

une hotte pleine de légumes: un homme entre dans une seconde Chambre, ayant un sac sur son épaule. Une cage à poulets, sur laquelle est une poule, des légumes jettés à terre, & des ustensiles de Ménage, enrichissent ce tableau peint sur toile, & d'une belle composition. H. 10 p. l. 13.

328 Deux Tableaux en pendant, représentant des Intérieurs de Chambre de Paysans. Dans l'un, peint avec toute l'intelligence du clair-obscur, on voit un homme assis près de son feu, une Servante qui balaye la porte, un chaudron, un grand pot, & divers légumes. L'autre, peint dans le clair, représente une femme & un homme se chauffant, un seau de bois, un chaudron, des plats, un grand pot au lait, & des légumes. Ces deux morceaux de mérite sont peints sur bois. H. 11 p. l. 8.

329 Un tableau, sur bois, de forme ronde dans une bordure quarrée, représentant la basse-cour d'une Ferme: on y voit un tonneau, une cage à poulets, des légumes, & ustensiles de Ménage. Il porte 8 p. de diamètre.

CORNEILLE DUSAERT.

330 Six Paysans sous un toît de chaume, placés autour d'une table; l'un joue au trictrac, les autres fument: près d'eux est

une Hôtellerie. Ce tableau, dont l'effet est piquant, est fait au premier coup sur toile. H. 22, l. 25.

DE WETT.

331 Une vieille Femme tenant les mains jointes; elle a sur ses épaules un manteau fourré, avec une espece de capuchon de velours cramoisi brodé qui couvre sa tête. Ce tableau travaillé avec un grand soin, tient beaucoup au genre de Gérard Dow. Bois. H. 6 p. & demi, l. 5 p. & demi.

332 Une Femme assise devant une table chargée de vases précieux & de pierreries, écoutant une autre Femme qui pince de la guitarre. Bois. H. 9 p. & demi, l. 8 p. & demi.

FRÉDERIC MOUCHERON.

333 Un joli Paysage. On y voit quatre figures d'Hommes, & un chien, peints par Adrien vanden-Velde; à la droite, est un parc fermé de murs dont les arbres s'élèvent en amphithéâtre. Sur le devant, est un grand vase de marbre sur un pied d'estal. Ce tableau est peint sur bois avec toute la finesse possible. H. 13 p. & demi, l. 11 p. & demi.

334 Une Vue de Rochers garnis d'arbres, sur différens plans, au bas desquels est une rivière où quatre Hommes tirent un bateau. Sur le devant, dans un chemin, est une Femme assise sur un cheval blanc,

ſuivie de ſon chien. Ce morceau eſt peint avec beaucoup de vérité. H. 11 p. l. 9.

335 Un payſage chaud de couleur : on y voit la chûte d'un torrent, deux Pêcheurs, & plus loin un Cavalier accompagné de deux Hommes. Bois. H. 7 p. l. 8 po. & demi.

EMMANUEL WILTZ.

336 Un beau Payſage, chaud de couleur. On voit ſur le devant deux hommes, dont un monté ſur un âne & ſuivi d'un chien, qui s'acheminent vers une grande tour environnée d'arbres : à gauche, on voit d'autres petites figures qui ſe détachent ſur un fond de lointains clairs. Bois. H. 16, l. 21.

JEAN WILZ.

337 Deux différentes Vues de Payſages. L'un repréſente un terrein élevé où tourne un chemin, & dans l'éloignement un grand pont. L'autre découvre une grande étendue de pays. A droite, eſt un rocher ſous lequel paſſe un Homme conduiſant un âne. Ces deux morceaux, ornés de petites figures, ſont agréablement peints. Toile. H. 13 p. l. 16.

338 L'Entrée d'une Forêt près d'une Rivière, ſur laquelle eſt un pont fait de branches d'arbres, où paſſe un homme : ſur le devant, un Hermite parle à un Payſan. Toile. H. 29 p. l. 37.

ANTOINE FR. VANDER-MEULEN.

339 Deux Tableaux, d'un émail & d'un transparent de couleur admirables, représentant des sujets de Batailles. Dans l'un est un combat livré sur un pont; dans l'autre, un choc de Cavalerie, & une attaque de chariots & de bagages. Il y a dans l'un & l'autre une immensité de figures spirituellement touchées. L'action y est peinte avec la plus grande chaleur. Ils viennent du Cabinet de M. Lempereur, & en dernier lieu de la Collection de Monseigneur le Prince de Conti. Bois. H. 8 p. l. 12.

340 Un Fourage commandé par les Officiers généraux; les Fourageurs sont attaqués par les Ennemis; l'action se passe dans une plaine, couverte d'arbres & de haies. On voit plusieurs Villes dans l'éloignement. Ce tableau d'un coloris brillant, est peint sur toile. H. 29 p. l. 38.

VANDER-MEULEN & VAN-ARTOIS.

341 Deux jolis Paysages, par Van-Artois, l'un sur cuivre, l'autre sur bois. On voit dans le premier, cinq hommes à cheval, une voiture attelée de deux chevaux, & un homme accompagné de son chien. Dans le second, six Voleurs dépouillent un Passant qu'ils ont assassiné. Ces figures sont peintes par Vandermeulen, d'une grande finesse. H. 8 p. l. 6.

FRANÇOIS POST.

342 La Vue d'une Habitation & d'une campagne très-étendue, ſemée de bois & arroſée de rivières en Amérique. Deux Negres placés ſur le premier plan, cauſent enſemble. Ce tableau vient de la Collection de Monſeigneur le Prince de Conty. Bois. H. 8 p. l. 9.

SALOMON RUYSDAAL.

343 La Vue d'un Village environné d'arbres & ſitué au bord d'une rivière : on y voit un bac rempli d'animaux & de Paſſagers. A la gauche, ſont pluſieurs bateaux à voile. Ce tableau eſt bien coloré, & d'une riche compoſition. Bois. H. 22 po. l. 29.

344 La Vue d'une chaumiere devant laquelle eſt un chariot attelé, & rempli de perſonnes. H. 14 po. l. 30.

345 La Vue d'un Village ſitué ſur le bord d'une rivière ; des Payſans & Payſannes ſont ſur le devant. Bois. 13 p. en quarré.

346 Deux Vaches & trois Moutons, qui paroiſſent peints par Vanden-Velde, repoſant à l'entrée d'une forêt, où l'on voit ſur le devant de grands arbres. Ce tableau peint avec beaucoup de franchiſe, & décoré d'un beau ciel, eſt ſur bois. H. 17 p. l. 23.

347 Une Vue de Mer. A la droite, eſt l'Egliſe d'un Village qu'on apperçoit à travers

des arbres. Bois. 17 p. l. 22 po. & demi.

JACQUES RUISDAAL.

348 Un Magnifique Payſage, paroiſſant former l'entrée d'une forêt : on y voit des troncs d'arbres couchés parmi des brouſſailles & des roſeaux ; un terrein couvert de mouſſe & de gazon, borde un ravin, & conduit à des lointains de prairies frappées d'un coup de lumière. Ce morceau d'une harmonie parfaite, du ton de couleur & de la touche les plus vrais, peut être cité comme un de ceux où ce Maître a porté la peinture au plus haut degré de perfection. Il eſt ſur toile. H. 37 p. l. 45.

349 Un Payſage, d'une riche compoſition & d'un ſite pittoreſque. Il repréſente une élévation au milieu de laquelle eſt un chemin entre des vergers, qui conduit à un Village, dont on voit quelques maiſons & le Clocher de l'Egliſe. Sur le devant, eſt un terrein ſabloneux, à côté duquel coule un ruiſſeau d'eau claire. Ce Tableau parfait dans ſon genre, eſt la vraie imitation de la nature, telle qu'elle s'eſt montrée aux yeux de cet habile Peintre : il eſt enrichi de belles figures par Corneille Bega. Toile. H. 21 p. & demi, l. 26 p. & demi.

350 La Vue d'un Torrent, dans lequel un Homme abreuve ſon cheval : un autre

Homme passe avec son chien : au delà est un chemin pratiqué dans une colline entourée de bois, une femme en descend : plus loin est une Eglise. Ce tableau dont les figures sont peintes par Philippe Wouwermans, est d'un ton de couleur vigoureux, & fait la plus grande sensation par la vérité avec laquelle il est rendu. On ne peut en désirer un plus beau. Bois. H. 15 p. l. 22.

351 Deux autres bons Tableaux, d'une touche sçavante, représentant des Chûtes d'eau, à travers des rochers couverts de pins très-élevés. On y voit quelques Habitations, & dans l'éloignement des bateaux à la voile. Toile. H. 24 p. l. 18.

352 Un autre beau Paysage, sur bois, représentant des troupeaux paissans dans une forêt, dont l'obscurité contraste admirablement avec les coups de lumière qui réfléchissent dans les intervalles des chemins. H. 18 p. l. 24.

353 Un Paysage, d'un site pittoresque & d'un beau ton de couleur. A gauche, & à droite, sont des arbres, haies & broussailles. Dans le milieu, une chute d'eau forme cascade : deux Paysans causent ensemble. Ce Tableau, touché avec esprit, est peint sur bois. H. 15 p. l. 17.

354 Un chemin, sur lequel sont un Pâtre, trois bœufs, une chèvre & des moutons, peints par Adrien Vanden Velde. Un grand

arbre eſt placé à l'entrée. Dans le lointain eſt une vaſte campagne arroſée d'une rivière. Toile. H. 16 p. & demi, l. 14 po. & demi.

355 La Vue d'une Forêt. Sur le devant eſt un étang, où eſt un tronc d'arbre. Un Chaſſeur, avec ſon chien, eſt à l'autre bord. Ce tableau, d'une touche ferme, eſt ſur toile. H. 18 p. l. 24.

356 La Vue d'un Chemin conduiſant à une chaumière ſituée au bord de l'eau & environnée d'arbres & brouſſailles. Sur le devant, derrière une haie faite de bois & de paille, eſt un Homme portant un bâton ſur ſon épaule, & devancé par ſon chien. A la droite, eſt une rivière où ſont pluſieurs chaloupes à la voile. Ce tableau, d'un ton de couleur vigoureux, & imitant la nature, eſt peint ſur bois. H. 17 p. l. 23.

357 Une Vue de la Mer en tems calme, où ſont pluſieurs vaiſſeaux remplis de monde. On apperçoit une Ville dans l'éloignement. Ce petit tableau, très-fin, eſt peint ſur bois. H. 7, l. 9 & demi.

358 Une vaſte Campagne, précédée d'un Etang, & terminée par un Village, dont on voit l'Egliſe. Cette Vue eſt priſe dans un tems de frimats. Toile. H. 11 p. l. 15.

FRANÇOIS MIÉRIS.

359 Un Tableau, d'un précieux fini, repré-

ſentant l'Intérieur d'un Appartement. Une Femme habillée d'étoffes en ſoie de diverſes nuances, aſſiſe près d'une table ſur laquelle eſt un tapis rouge & un chien, & tenant ſur elle un autre petit chien, paroît ſe faire rendre compte par une Servante qui eſt debout devant elle, ayant un ſeau de métail dans ſon bras. Cette fille tient des pièces de monnoie. Ce morceau eſt d'un brillant coloris, d'une pureté admirable, & du meilleur tems de ce Maître. Bois. H. 10 p. & demi, l. 8 p.

360 Une vieille Femme aſſiſe près de ſon lit, & ayant ſur les épaules un manteau de velours noir, dicte quelque choſe à une jeune femme qui eſt devant une table, & tient en ſa main une plume; cette dernière eſt vêtue d'un manteau de velours couleur capucine, fourré d'hermine, poſé ſur un jupon de ſatin blanc; près d'elle, eſt une chaiſe à l'antique de velours verd. Sur la table eſt un tapis de Turquie, dont la vérité fait illuſion. Ce Tableau eſt d'une grande fineſſe, & digne de la réputation de ce Peintre. Bois. H. 19 p. l. 16.

361 Un Homme coëffé d'un bonnet orné de plumes, & vêtu ſingulièrement, s'entretenant avec une jeune Femme ayant une robe rouge ſur une juppe blanche; elle a un Livre de Muſique ſur elle, & eſt aſſiſe, ainſi que l'Homme, au pied d'un arbre, au bas duquel ſont des citrouilles.

Ce tableau, extrêmement fini, est de l'Ecole de Mieris. Bois. H. 16 p. l. 14.

THIERRY VAN-DALEN.

362 L'Intérieur d'un Temple, dans lequel des personnes de différentes Religions & de divers Pays, viennent offrir à Dieu leurs hommages. A l'entrée est un tombeau de marbre noir, avec une inscription, & les armoiries de celui dont les cendres y reposent : un écusson & la bannière d'un Chevalier sont attachés au premier pillier. L'architecture & l'effet de la perspective, sont parfaitement rendus dans ce tableau. Bois. H. 11 p. l. 17.

JEAN STÉEN.

363 Des Convives, Hommes & Femmes, à table, célebrent avec joie la cérémonie du Roi boit. Un Enfant, monté sur un banc, ayant sur la tête une espèce de couronne de papier, porte un verre plein à sa bouche, aux acclamations de l'Assemblée & au bruit d'instrumens grotesques, produit par les ustensiles du Ménage. Ce Tableau, très fini & plaisant, réunit à une composition riche un grotesque singulier. Toile collée sur bois. H. 30 p. l. 40.

364 Le Coucher de la Mariée. On y voit deux personnes d'un air simple, la Femme à terre sur ses deux genoux, l'Homme un seul genou en terre & les mains croisées, invoquer le Génie tutélaire des Mariages :

les Amours qui voltigent ornent de guirlandes le lit nuptial ; d'autres y jettent des fleurs : un chien placé ſur le devant du tableau, dort profondément. Près du lit, eſt un fauteuil rouge. Ce tableau caractériſé dans toutes ſes parties, eſt peint ſur toile collée ſur bois, & porte 33 po. de diamètre.

365 La Vue d'un Payſage des Environs de Rotterdam pendant l'Hiver. Sur le devant eſt un chemin où paſſe un Payſan monté ſur un cheval qui traîne une charette couverte. Dans l'éloignemeut, on découvre un canal bordé de maiſons. Toile. H. 16 p. l. 14.

VAN-MOOL.

366 L'Adoration de l'Enfant Jéſus par les Mages, près d'un Edifice orné de colonnes. Ce Tableau, dont l'effet eſt rendu à la lueur d'un flambeau, eſt d'une riche compoſition. Toile. H. 33 p. l. 31.

367 Une Nymphe endormie dans un boſquet au bord d'une fontaine. Deux Satyres, dont un a la jambe paſſée ſur la ſienne, la regardent avec avidité. Un Amour armé de ſon arc, cherche à les écarter. Cuivre. H. 12 p. l. 14.

MONTALIER.

368 Les Œuvres de Miſéricorde, compoſition de dix figures dans le genre du Nain, & d'une couleur auſſi belle que celle du

Bourdon, & rendue avec autant de vérité que ſi elle étoit de ces deux Maîtres. Toile. H. 26, l. 20.

VAN-BOUCK.

369 Deux tableaux, d'une vérité frappante. Dans l'un, on voit ſur une table, un choux, une botte d'oignons & une cruche. Dans l'autre, également ſur une table, ſont une carpe, pluſieurs autres poiſſons, un couteau, &c. Ces deux morceaux ſont ſur toile. H. 16 p. l. 20.

VAN-ROMAIN.

370 Un Berger entr'ouvrant une barrière, pour faire entrer des troupeaux dans une écurie pratiquée ſous un rocher : plus loin un Payſan conduit un mulet : au-delà eſt une campagne arroſée d'une rivière. Ce tableau, d'un beau ton de couleur eſt peint ſur bois. H. 12 p. l. 14.

CARRÉ.

371 Des Payſans ſe divertiſſant & célébrant par des danſes la fête des couronnes. Bois. H. 14, l. 13.

JEAN LE DUC.

372 Un Corps-de-Garde, dans lequel des Soldats jouent aux cartes ſur un tambour : quatre autres, dont un paroît avoir un grade ſupérieur, les regardent : trois autres dans un plan plus éloigné, ſont aſſis à terre. Ce Tableau, d'un bel effet, & parfaitement

parfaitement peint, eſt de forme ovale, dans une bordure carrée. Cuivre. H. 8 p. p. l. 10.

373 Un Tableau, ſur bois, de même forme que le précédent, & composé de trois figures, dont une Dame aſſiſe dans un fauteuil, qui ſe fait dire la bonne aventure. Ce morceau eſt peint avec beaucoup d'expreſſion, & une touche ferme. H. 8 p. & demi, l. 11 p. & demi.

374 Un Homme vu par le dos, pinçant de la guittarre; il eſt aſſis auprès d'une Dame qui l'accompagne de ſa voix. Bois. H. 12 p. l. 9.

GUILLAUME DE HEUSS.

375 Un riche Payſage. Sur le devant, eſt un ruiſſeau au bord duquel ſont de grands arbres qui rendent parfaitement l'effet de la nature; de l'autre côté, une femme, portant ſon enfant, conduit des moutons & un âne chargé de bagages: deux autres ânes auſſi chargés, ſuivis de leurs conducteurs, ſe trouvent ſur un plan plus éloigné: une belle campagne où ſont un pont, une tour & des montagnes dans l'éloignement, terminent ce Tableau qui eſt un des meilleurs de ce Maître. Bois. H. 15 p. l. 20.

376 Deux Tableaux en pendant. Ils repréſentent de très-beaux Payſages enrichis d'arbres & de rivières. On y voit deux

Temple antiques, qu'on a convertis en Oratoires, où plusieurs personnes entrent & portent des offrandes. Des Passagers, montés sur des ânes, se trouvent sur la principale avenue. Ces deux morceaux, très-piquans, sont peints sur bois. H. 10 p. l. 12 p. & demi.

377 Une Vue de Rivière, de Collines, & d'une Campagne où sont des Voyageurs. Bois. H. 14 p. l. 17.

WADER.

378 Un beau Paysage, d'un bon ton de couleur: Une femme & un jeune garçon sont sur un chemin. Bois. H. 7 p. l. 9.

ADRIEN VANDEN-VELDE.

379 Un beau Paysage, sur le devant duquel sont deux Vaches: l'une de couleur rousse est debout, l'autre est couchée. A la droite du Tableau, est un groupe de moutons qui se reposent près d'une baraque construite avec des planches. Sur un plan plus éloigné, est une Bergere assise & endormie. Ce Tableau est d'un pinceau moëleux & d'une belle composition. Bois. H. 9 p. & demi, l. 12 p. & demi.

380 Deux Tableaux en pendant, composés l'un d'une Vache & de quatre Moutons couchés; l'autre, d'une Vache & de deux Moutons aussi couchés, dans un fond de Paysage peint dans le meilleur tems du Maître, & de sa plus belle couleur. Mi-

chaux en a augmenté les fonds d'une manière étonnante pour la justesse & la ressemblance. Ils sont peints sur bois. H. 10 p. l. 13.

PIERRE VAN-SLINGELAND.

381 Une jeune femme, dont la chevelure est blonde, pinçant de la guitarre; elle est vêtue d'un corset de taffetas bleu, sur un jupon lilas. On la voit assise à l'entrée d'un salon qui donne sur la campagne. Ce Tableau est de la plus grande finesse, & ce qui ajoute à son prix est le petit nombre qui en existe; cet Artiste ayant employé un tems considérable à finir ses ouvrages. Bois. H. 7 p. & demi, l. 6 p.

GÉRARD LAIRESSE.

382 Vénus portée sur un nuage, & faisant présenter à son fils Enée par quatre Amours les armes qu'elle lui a fait fabriquer par Vulcain. Un Fleuve est assis sur le devant du Tableau, qui est précieusement peint & d'une grande correction de dessin. Toile. H. 19 p. l. 22.

JEAN VINANTS.

383 La Vue d'une grande Plaine, peuplée d'arbres, & coupée de différens chemins, dont un tourne autour d'un clos fait avec des planches: à la droite, est un grand arbre & une butte de terre sabloneuse, sur laquelle frappe la principale lumière. Des

lointains de prairies & des dunes terminent le fond de ce Tableau orné de plusieurs figures par Lingelback, parmi lesquelles on distingue un Chasseur qui fait suivre un lievre par son chien. Ce morceau, d'un transparent admirable, & d'une touche délicate, est peint sur toile. H. 39, l. 40.

384 Un Paysage, à la droite duquel est un terrein sabloneux, couronné par des arbres & broussailles. On y voit trois figures sur le premier plan, dont une femme tenant son enfant dans ses bras; des moutons sont épars sur le même terrein : plus loin, sont d'autres figures, un Village & une campagne très-étendue, arrosée d'une rivière. Les principales figures de ce Tableau, qui est d'une grande beauté, ont été peintes par M. Fragonard. Toile. H. 13 p. & l. 10 p. & demi.

385 Un autre charmant Paysage, qui peut faire pendant avec le précédent, représentant des terreins sabloneux élevés. On y voit une femme assise, un jeune enfant qui court après un chien; des maisons & une campagne terminée par un très-bel horison. Il vient de la Collection de M. Blondel de Gagny. Toile. H. 13 p. & demi, l. 11.

386 La Vue d'une Tour ruinée qui formoit l'entrée d'un château, sur les masures duquel on a construit une maison couverte en chaume. Une femme, portant son en-

fant, & en tenant par la main un plus grand, prend le chemin de cette maison. Le lointain représente une espèce de forêt, où passe un Voyageur. Toile collée sur bois. H. 9 p. & demi.

KAREL DU JARDIN.

387 Un agréable Paysage. Sur le devant est un ruisseau où passent une Paysanne, un âne portant un bas, une chevre & un mouton. La Paysanne parle à un Pâtre qui est assis. Au-delà du ruisseau, sont des maisons bâties au bas d'une colline, & plus loin des montagnes. Un beau ciel du matin couronne ce Tableau, qui est du meilleur tems de ce Maître, & gravé par J. B. le Bas, sous le titre de la fraîche matinée. Il est sur toile. H. 18 p. 9 lign. l. 16 p. 9 lig.

388 Deux Tableaux, d'un coloris vigoureux, peints par ce Maître en Italie, & représentant des sites montagneux. Sur le devant de l'un, sont un Berger jouant de la flûte, & monté sur un cheval blanc; une Bergere assise sur un âne, & pinçant de la guitarre: un chien aboie après eux: ils suivent des bœufs & des moutons qui passent une rivière, & qu'un Pâtre conduit. On y voit un pont, dont une tour quarrée ferme l'issue.

Le pendant de ce Tableau représente une Bergere qui trait une Vache, différens animaux qui reposent sur l'herbe, & un Berger qui fait danser son chien au son de la flûte. Ils sont peints sur toile. H. 28 p. l. 37.

389 Une Prairie, sur laquelle sont trois bœufs, dont un se frotte contre un arbre; à la gauche de ce Tableau peint sur bois, est un Berger assis, qui joue avec son chien. H. 12 p. & demi, l. 16 p.

J. V. Méeig.

390 Un magnifique Paysage, tant par sa touche large & spirituelle, que par son beau ton de couleur. On y découvre, dans une grande étendue de pays, plusieurs Habitations de Paysans, & sur une hauteur les ruines d'un Château. Le milieu est coupé d'un chemin, dans lequel un Homme, précédé d'une Femme & d'un Enfant, conduit une charette couverte. Plus loin, un Berger mene son troupeau. Toile. H. 51 p. l. 54 p.

Hennekyn.

391 Le Portrait d'un jeune enfant de distinction, vêtu à la Hollandoise, les cheveux épars. Il est peint en 1670, & orné de guirlande de fleurs, par le célebre Rachel Ruysch. Toile. H. 51 p. l. 42.

Eglon Vander-Néer.

392 Un très-riche Paysage, orné d'arbres,

& de beaux édifices, par Baudwins, dans lequel Eglon Vander-Néer a peint les figures. A la droite, un Homme coëffé d'une toque avec une plume, est assis près d'une jolie femme vêtue en rose & bleu. Une autre femme vêtue d'une longue robe blanche, & suivie d'un Negre qui tient un Parasol sur elle, pince de la guitarre: un chien considere le Negre. A la gauche, sont deux Bergers endormis sur le gazon, dont un, presque nud, est entouré d'une guirlande de fleurs: trois femmes cachées derrière les feuillages les regardent attentivement. Ce Tableau, d'une touche précieuse, & d'une grande finesse dans les figures, est d'une distinction particulière. Bois. H. 16 p. l. 23.

393 Une Femme en corset blanc, attaché galamment avec des rubans roses, & un jupon rouge garni d'une dentelle d'argent. Elle est assise près d'une table, sur laquelle est un tapis, & elle se dispose à mettre une corde à une guitarre qu'elle tient. Dans l'éloignement est un homme vêtu de noir, assis, & écrivant sur une table: il est dans la dernière teinte, & peint avec une magie étonnante. Cet agréable Tableau est sur bois. H. 12 p. l. 9 p. & demi.

PIERRE MOLYN.

394 L'Attaque de cinq chariots chargés de bagage, dans un défilé entre des rochers

& une forêt, par des Voleurs. Bois. H. 13 p. & demi, l. 20 p. & demi.

VAN-ELMONT.

395 Deux Tableaux en pendant. L'une représente l'Intérieur d'une Chambre de Ménage, avec des figures & un chien, sur le devant. Dans l'autre, sont des Paysans qui jouent aux cartes, & une vieille femme assise près d'eux. Ils sont d'une bonne couleur. Toile. H. 18 p. l. 15.

J. HARNFHOGH.

396 Une femme habillée en satin blanc, ayant autour d'elle une écharpe couleur de pourpre; elle tient en sa main droite des fleurs. Près d'elle, est une table couverte d'un tapis de Turquie parfaitement imité, sur laquelle est un vase rempli de fleurs: elle est dans un vestibule, dont la vue donne sur un jardin. Bois. H. 11 p. l. 8 p. & demi.

GODEFROY SCHALKEN.

397 Un Tableau très fin, & du meilleur tems de ce Maître. Il représente une jeune femme coëffée en cheveux, & ajustée d'un habillement jonquille: elle tient d'une main un couteau au bout duquel est un morceau de citron coupé, & de l'autre main un plat: un coussin de velours pourpre est sur l'appui d'une croisée. Ce Tableau cité par Descamps dans la Vie des

Peintres Flamands & Hollandois, vient de la Collection de M. Blondel de Gagny. Il est peint sur bois. H. 8 p. l. 6.

398 Un Homme fumant une pipe, & lisant une lettre à la lueur d'une chandelle qui se trouve entre lui & le papier, & dont les reflets sont parfaitement rendus. Bois. H. 11 p. l. 9 & demi.

PIERRE DE HOOGE.

399 L'Intérieur d'une Salle à manger, pavée de marbre noir & blanc à compartimens. Une femme, vêtue d'une robe de satin bleu, brodée en or, & relevée sur un jupon de satin blanc, tient en sa main un verre dans lequel un Homme de distinction, ayant autour de lui une écharpe brodée, verse de la bierre; elle a un livre de musique sur ses genoux: à côté d'elle, une Dame vêtue d'une pelisse de satin jaune, fourrée d'hermine, & mise sur un jupon de satin ponceau, bordé de deux rangs de dentelle d'or, accorde une guitarre; un Homme assis à une table, & tenant un livre de musique, la regarde. A la gauche du Tableau, un Homme & une Femme exécutent un concert de flûte & de mandoline. Dans la demie-teinte, un Homme allume sa pipe: un chien, admirablement peint, est assis à terre. La porte du Sallon, qui est entr'ouverte, laisse appercevoir un jardin décoré où deux per-

ſonnes cauſent enſemble. Un beau bâtiment éclairé par le Soleil, en fait le point de vue. Ce tableau, d'une compoſition riche & du plus grand fini dans toutes ſes parties, & principalement dans les têtes & les étoffes, peut être annoncé comme le plus parfait de ce Maître. Toile. H. 38 p. l. 46.

400 Une Compagnie d'Hommes & de Femmes, au nombre de cinq, occupés à prendre une collation, & à faire de la muſique. Ils ſont dans un beau Veſtibule, & près d'une table, couverte d'un tapis de Turquie, ſur laquelle ſont une bouteille & un citron dans un plat d'argent. Les figures principales ſont deux Dames, pinçant chacune de la guitarre; l'une d'elles eſt aſſiſe, & habillée d'une robe de ſoie jaune, & s'accompagne de la voix; l'autre debout, & vue par le dos, eſt ajuſtée d'une magnifique robe de ſatin blanc. Près de la première, un Homme vêtu ſuivant le coſtume hollandois, tient d'une main un verre, de l'autre une bouteille couverte d'oſiers. Plus loin, eſt une autre Femme aſſiſe; un Homme appuyé ſur ſa chaiſe, lit dans un livre de muſique. Par une grande arcade, qui eſt à la gauche du tableau, on découvre un canal bordé de maiſons & d'arbres, devant leſquels paſſe un carroſſe à quatre chevaux: cette partie, ſur laquelle le Soleil frappe, produit

l'effet le plus juste & le plus piquant. En deçà du canal, dans la dernière teinte, un Homme appuyé sur sa canne, parle à une Femme. Ce morceau, d'un pinceau bien conduit, & d'un beau fini, peut aller de pair avec les plus beaux tableaux de Terburg. Toile. H. 33, l. 48.

401 Un Tableau, d'un effet piquant. Il représente un Intérieur de Chambre, au fond de laquelle est un jeune garçon assis sur un banc, près d'une lanterne allumée. Devant une cheminée, est un homme qui tourne le dos au feu : à côté de lui, sont une femme & une petite fille; ces deux dernières figures sont éclairées par la lumière. Toile. H. 26 p. l. 21.

GÉRARD HOUET.

402 Un Repos en Egypte. La Vierge, assise au bas d'un rocher, & tenant sur elle l'enfant Jésus, est accompagnée de Saint Joseph qui lit dans un livre; des Anges paroissent dans une gloire : le fond est un Paysage montagneux, où l'on voit une ancienne ruine. Ce Tableau, sur bois, peint précieusement, peut être comparé avec les plus beaux de Corneille Poélemburg. H. 9 p. & demi, l. 7 p. & demi.

403 Un Tableau, de forme ovale, représentant les Dieux assemblés dans l'Olympe, & Jupiter porté sur son aigle, foudroyant les Titans qui entassoient des montagnes

pour escalader les Cieux. Ce tableau, du plus grand fini, & d'un dessin correct, est fait dans le genre de Jules Romain. Il est peint sur cuivre. H. 8 p. l. 13.

404 Trois Bergeres avec leurs troupeaux: l'une est endormie au pied d'un arbre, la seconde ôte sa chemise pour entrer dans le bain, & la troisième, qui y est déjà, s'y lave les jambes: près du ruisseau, est une ruine d'ancien édifice avec des bas-reliefs; le Paysage est celui d'un terrein couvert de bois, à travers lesquels on apperçoit une Ville dans l'éloignement. Ce tableau, d'un beau coloris, est sur toile. H. 14 p. & demi, l. 17 p. & demi.

RENIER BRAKENBURG.

405 Un Intérieur de Chambre, dans laquelle est une jeune femme malade; elle est assise, & appuyée sur une table, où sont deux oreillers sur un tapis; elle présente son bras à un Médecin, qui parle à une vieille femme dont le caractère & l'attitude annoncent l'intérêt qu'elle prend à la Malade. Ce tableau précieux & intéressant est ce qu'on peut voir de plus beau de ce Maître. Il est peint sur bois. H. 8 p. & demi, l. 7 p.

406 Une Kermesse, ou Fête de Village. Ce Tableau, enrichi d'une grande quantité de figures, est sur toile collée sur bois. H. 15 p. l. 18.

DE KAERT.

407 Une Maison de Paysan. Un homme est à la porte; au-devant sont deux grands arbres touffus, au bas desquels un Berger conduit des moutons; plus loin, est une rivière. Bois. H. 14, l. 18.

ZÉEMAN.

408 Deux Tableaux de Marines, dans l'un desquels est représenté un combat naval. Bois. H. 9 p. & demi, l. 12.

SIMON VANDER-DOES.

409 Un Berger couronné de feuillage, assis au bas d'un arbre, gardant deux moutons & une chèvre; plus loin, & au pied d'une montagne, un homme monté sur un cheval blanc conduit un troupeau de moutons. Toile. H. 14 p. l. 18.

JACQUES VANDER-DOES le jeune.

410 La Vue d'un Hameau entouré de bois. Sur le devant, sont deux belles Vaches & dix moutons. Ce Tableau est d'une grande vérité, & imite parfaitement la nature. Il est peint sur bois. H. 13 p. l. 13 p.

CHARLES DE MOOR.

411 Céphale arrivant près de Procris, qu'il trouve blessée mortellement d'un dard qu'il lui a lancé, croyant que c'étoit une bête fauve. Son Amante prête à expirer, est

couchée au pied d'un arbre, ſon chien à côté d'elle. Ce Tableau, d'une belle fonte de couleur, eſt digne de la haute réputation de ce Maître. Toile. H. 25 p. & demi, l. 27.

VAN-BLOOMEN.

412 Jacob en marche avec ſa famille & ſes troupeaux. Ce Tableau, d'une belle touche, eſt peint ſur toile, & porte 16 po. de h. ſur 23 de l.

ADRIEN VANDER-VERF.

413 Notre-Seigneur diſcourant avec la Samaritaine qui tient ſur le bord d'un puits un riche vaſe qu'elle vient de remplir. Trois Vieillards de la Secte des Phariſiens, ſont vus dans la demie-teinte. Ce tableau, d'une grande fineſſe de pinceau, eſt du bon tems du Maître. Il a été gravé par Macret. Toile. H. 12 p. l. 15.

GUERARDS.

414 Une Aſſemblée de neuf Perſonnes, hommes & femmes, formant un concert : ils ſont dans un veſtibule & près d'un jardin à l'entrée duquel eſt une colonne. Les principales figures de cette belle compoſition ſont trois Femmes dont une debout vue par le dos, vêtue d'une robe de ſatin blanc & d'une écharpe bleue. Ce tableau charmant, auſſi beau que s'il étoit de Gaſ-

pard Netſcher, vient de la Collection de Monſeigneur le Prince de Conti. Toile. H. 24 p. l. 20.

415 L'Entrée d'un Veſtibule orné de colonnes & de ſtatues: huit perſonnes dont trois femmes vêtues en ſatin de diverſes couleurs, & placées autour d'une table, y forment un concert; une autre femme plus éloignée, eſt aſſiſe ſur les degrés, & careſſe un chien. Ce tableau, d'une belle harmonie, & correct dans le deſſin, eſt un des bons de ce Maître. Il eſt peint ſur toile. H. 17 p. & demi, l. 20 p. & demi.

416 Un Tableau compoſé de cinq figures, hommes & femmes formant un concert; une jeune femme habillée avec une robe pourpre & un jupon violet, tient d'une main une flûte, & de l'autre retourne un livre de Muſique. Ce morceau de mérite eſt peint ſur toile. H. 10 po. l. 12 po. & demi.

FERGUSON.

417 Différents Oiſeaux morts poſés ſur une table de marbre couverte en partie d'un tapis verd garni d'une frange en argent. Ce morceau, d'une grande fineſſe, eſt peint ſur toile. H. 20 p. l. 17.

C. LELIENBERGH.

418 Une Table couverte de différentes pièces de gibier mort, d'un chou-fleur, chou rouge, & d'une partie de tapis

garni d'une frange d'or. Ce morceau d'une touche large, a le mérite rare d'y joindre un précieux fini. Toile. H. 25, l. 31.

J. F. VERMEULEN.

419 Une belle Prairie de Hollande, dans laquelle ſont deux Vaches & un troupeau de moutons ; à la gauche, ſont de grands arbres, & un chemin où paſſe un Cavalier ; un jeune garçon lui demande l'aumône. Ce Tableau, peint librement, imite parfaitement la manière de Paul Potter. Toile. H. 19 p. & demi, l. 23.

CHALCK.

420 Un Payſage, où eſt un étang. Deux hommes y pêchent à la ligne. Ce joli morceau, d'une bonne couleur, & qui a beaucoup d'effet, eſt peint ſur bois. H. 10 p. l. 13.

P. VAS.

421 Deux petits Payſages, du meilleur ton de couleur, & touchés avec eſprit. Ils ſont peints ſur cuivre, & ſignés P. Vas. H. 6 p. & demi, l. 7 p. & demi.

J. GRIEFF.

422 Deux Tableaux en pendant. Ils repréſentent des repos de chaſſe, avec une grande quantité de gibier mort, étendu ſur des pierres, ou ſuſpendu à des arbres ; des chiens de chaſſe qui ſe repoſent, ſont à côté de leurs Maîtres. On peut regarder à

juſte

juste titre ces deux morceaux, comme le chef-d'œuvre de cet Artiste. Ils sont peints sur bois. H. 8 p. l. 11.

423 Deux autres beaux Tableaux ; l'un représentant Adam donnant les noms aux animaux dans le Paradis terrestre ; l'autre, Eve donnant la pomme à Adam : sur le devant sont deux chiens peints avec la plus grande vérité, un paon & divers oiseaux perchés sur un arbre. Bois. H. 8 p. l. 10 p. & demi.

424 Un autre Tableau, représentant un Chasseur appuyé sur les Ruines d'un obélisque, ayant trois chiens devant lui, dont un fixe plusieurs pièces de gibier mort, & posées à terre. Dans l'éloignement, on apperçoit un autre Chasseur. Toile. H. 22 p. l. 24.

425 Plusieurs légumes différentes, étalées pour vendre sur la place ; une femme jette de l'eau dessus ; à côté d'elle est un vase de fleurs ; plus loin, un homme tient un pot de bière. De l'architecture & du paysage composent le reste du Tableau. Toile. H. 22, l. 30.

VERDUSSEN.

426 Une Vue d'Italie, où sont des Ruines d'architecture ; à la gauche, est une rivière où deux hommes conduisent des bœufs ; sur le devant, sont trois femmes. Ce

tableau peint sur toile, porte 18 p. de h. sur 24 de large.

C. VANLOO de Hollande.

427 Une jeune Dame, assise près d'une table, jouant de la guitarre : elle est accompagnée par un homme qui joue de la flûte ; sur la table sont des livres de musique ; au bas est une guitarre ; dans le fond, est un grand rideau rouge garni de franges d'or. Cet agréable Tableau & très-fini, est peint sur toile. H. 27 p. l. 20.

THÉODORE NETSCHER.

428 Le Portrait d'une jeune fille vue plus qu'à mi-corps, vêtue d'une robe bleue à manches découpées avec une broderie en or ; elle cueille des roses dans un jardin ; derrière elle est un oranger dans un vase placé sur un piédestal. Ce tableau, d'une grande fraîcheur de coloris, est peint sur toile. H. 17 p. l. 14.

CONSTANTIN NETSCHER.

429 Le Portrait d'une jeune Dame de la maison de Wassenaer, fait avec beaucoup de finesse. Cuivre. H. 6 p. l. 4 p. & demi.

SIMON VERELST.

430 Deux Tableaux en pendant, représentant des fleurs dans des vases remplis d'eau : ils sont de la plus grande fraîcheur, & peints par un Maître dont les productions

ſupérieures en ce genre ſont très-rares. Toile. H. 23 p. l. 20.

WITRINGA.

431 Une Vue de la Mer: on voit d'un côté de hautes montagnes précédées par des côteaux ornés de fabriques; pluſieurs Matelots ſont occupés après des barques: différentes figures d'hommes & femmes ſont diſtribuées dans ce joli Tableau peint ſur bois. H. 8 p. & demi, l. 11 p. & demi.

432 Une Vue de la Mer à Scheveling: pluſieurs Matelots ſont occupés à tranſporter ſur le rivage le poiſſon qui eſt dans une barque. Bois. H. 14, l. 20.

THÉOBALD DE MICHAU.

433 Une autre Vue de la Mer à Scheveling: des Pêcheurs forment ſur le rivage des lots du poiſſon qu'ils ont pris. Ce Tableau rempli de vérité, eſt peint ſur toile collée ſur bois. H. 14 p. l. 11.

LA MARÉCHAR.

434 Deux Portraits, auſſi précieuſement peints que s'ils l'étoient par Netſcher. L'un eſt celui de la Ducheſſe de Bourbon vêtue d'une robe en broderie, à qui un enfant préſente une couronne de fleurs, pour orner le Buſte de Louis XIV. L'autre, celui de la Ducheſſe de Valentinois, vêtue d'une robe de velours bleu, & ac-

compagnée d'une Négresse. Ils sont sur cuivre. H. 17 p. l. 14.

CASTKIEL.

435 Deux Tableaux en pendant, enrichis de quantité de figures; l'un est la Vue d'un Port de Mer; l'autre un Intérieur d'une grande Ville. Toile. H. 15 p. l. 22.

JANSSON.

436 Deux Tableaux en pendant, représentant des Paysages & une Vue de rivière; on voit sur le devant des animaux touchés dans le genre de Vanden-Velde. Toile. H. 12 p. l. 16.

BESCHAY.

437 La Tentation de Saint Antoine. Ce Tableau touché avec beaucoup de goût & de liberté, est entièrement dans la manière de David Teniers. Bois. H. 8 & demi, l. 6 p. & demi.

ANSON.

438 Deux Vues de la Mer bordée de grands rochers; des Pêcheurs sont sur le bord. Bois. H. 12, l. 16.

H. J. ANTONISSEN.

439 Deux beaux Paysages, traversés chacun d'un chemin dans lequel des Bergers & Bergeres conduisent des troupeaux; des lointains très-agréables, & peints d'après nature, forment les fonds de ces deux ta-

bleaux, dont les ſites & le ton de couleur ſont également intéreſſans. Toile. H. 24 p. l. 32.

F. XAVERY.

440 Un Payſage, ſur le devant duquel eſt un lac formé par une ſource ſortant d'un rocher, & tombant en caſcades; on y voit un Berger qui y abreuve trois bœufs & des moutons. Ce tableau, d'une touche ferme & facile, annonce que ce Peintre s'eſt attaché avec ſuccès à la manière de Berghem, qu'il a preſque égalée dans le feuillé des arbres. Bois. H. 17 p. l. 22.

ECOLE ALLEMANDE.

ALBERT DURER.

441 Joſeph d'Arimathie, enſeveliſſant le Chriſt mort: la Magdeleine & ſa ſœur ſont à genoux, & baignent de leurs pleurs la main du Sauveur; plus loin eſt le Portrait d'une Dame à genoux, la tête couverte d'un voile blanc, qui eſt probablement celle pour qui ce Tableau a été fait. Il eſt ſur bois. H. 18 p. l. 17.

JEAN HOLBEIN.

442 Deux Tableaux en pendants, qui paroiſſent avoir ſervi de volets à un oratoire.

Ils repréſentent les Portraits du Chancelier Morus & de ſa femme, qui ſont d'une vérité frappante. Ils viennent de la Collection de Monſeigneur le Prince de Conti. Bois. H. 40 p. l. 12.

443 Une Princeſſe Allemande, faiſant ſa prière devant la Vierge qui tient l'Enfant Jéſus: le grand fini de ce Tableau a tellement plu à des Amateurs, que dans des tems poſtérieurs les meilleurs Artiſtes de l'Ecole Flamande, tels que Péter Néefs & autres, en ont changé le fond, & y ont ſubſtitué une très-belle architecture, un charmant Payſage, & un rideau qui donne plus d'effet aux figures de ce Tableau, peint ſur bois. H. 12 p. l. 14.

444 Le Portrait d'un Magiſtrat, vêtu d'une ſimare de ſatin noir, & la tête couverte d'un large chapeau de velours. Bois. H. 8 p. l. 5 p. & demi.

445 Un autre Portrait d'un Homme de Loi ayant une robe fourrée, & coëffé d'une toque. Bois. H. 5 p. & demi, l. 4 p. 9 lig.

446 Le Portrait d'un Médecin. Il eſt comme les précédens, vu à mi-corps, & ajuſté d'un habit noir doublé de peau de renard. Bois. H. 8 p. l. 5 p. & demi.

JEAN ROTENHAMER.

447 Un Tableau capital de ce Maître, repréſentant l'Enlévement des Sabines, au

milieu d'une fête donnée par les Romains. Ce tableau, composé d'une multitude de figures touchées avec esprit, & d'un coloris admirable, est un des plus beaux de ceux qui existent de ce Maître. Toile. H. 57 p. l. 72 p. & demi.

448 Diane découvrant la grossesse de Calisto qui est prête à entrer dans le bain. Le Dieu du Fleuve est sur le devant, appuyé sur son urne; des Amours voltigent sur la tête de la Nymphe. Ce tableau, dont Breughels de Velours a fait le Paysage, est de la plus belle couleur & d'une riche composition. Il est peint sur cuivre. H. 10 p. l. 13.

449 Un autre Tableau, sur cuivre, d'un mérite égal, & composé de seize figures, placées dans l'épaisseur d'une forêt, sur le bord d'une fontaine; représentant Diane prête à entrer dans l'eau, & changeant en Cerf Actéon pour l'avoir regardée. Le Paysage en est aussi de Breughels de Velours. H. 9 p. & demi, l. 13.

450 Le Combat des Centaures & des Lapithes, au milieu d'un festin. Cuivre. H. 12 p. l. 16.

451 Loth avec ses deux filles qui lui versent du vin dans une coupe; on voit la Ville de Sodome consumée par le feu. Ce tableau, d'une belle fonte dans les carnations, est attribué à Rottenhamer étant à Venise. Bois. H. 27 p. l. 38.

452 La Vierge portée sur des nuages, & te-

nant l'Enfant Jésus. Elle est environnée d'Anges. Ce Tableau, véritablement du Maître, a été réparé dans le ciel qui étoit gâté. Cuivre. H. 10 p. l. 8.

GEORGES-PHILIPPE RUGENDAS.

453 Un Combat de Cavalerie, donné contre des Turcs; sur le devant est le Général monté sur un beau cheval blanc. Toile. H. 52 p. l. 48.

HAMILTON.

454 Un Nid d'Oiseaux, une Couleuvre, deux Oiseaux cherchant à défendre leur nid contre elle, des Colimaçons, une Sauterelle, & un Lézard sur un terrein couvert de mousse. Tableau très-fin, peint sur bois. H. 14 p. & demi, l. 12.

HERNEST DIÉTRICI.

455 Un Paysage d'un site montagneux, où passe une rivière sur laquelle est construit un pont qui conduit à un moulin; à la gauche de ce charmant Tableau, on apperçoit un Berger qui garde son troupeau. Toile. H. 10 p. l. 13 & demi.

456 Deux portraits ajustés suivant le costume oriental; l'un est un Vieillard à longue barbe blanche; l'autre est reconnu pour représenter la mere du Peintre. Ces deux morceaux, d'une touche large &

d'une belle expreſſion, ſont du plus vigoureux ton de couleur. Ils ſont peints ſur bois. H. 12 p. l. 9.

457 Un Buſte d'Homme vêtu d'une robe brune fourrée, & coëffé d'un bonnet. Ce tableau qui eſt éclairé par un rayon de Soleil, eſt d'un bon ton & d'un effet piquant. Toile. H. 18 p. l. 14.

J. F. Groolh.

458 Deux Tableaux en pendant, ſur bois; ils repréſentent des canards morts & attachés à des arbres, la tête poſée à terre, dans des herbages marécageux, remplis de ſerpens, lézards, & autres animaux. Ils ſont d'un beau ton de couleur, & d'une grande vérité. Bois. H. 14 p. l. 9.

Fr. Hall.

459 Le Buſte d'un Vieillard portant une longue barbe, & coëffé d'un grand chapeau. Ce morceau étudié, & d'une excellente couleur, eſt peint ſur toile. H. 11 p. & demi, l. 8 p. & demi.

Freich.

460 L'Intérieur d'une Chambre, dans laquelle eſt une jeune Dame aſſiſe devant une table, ayant auprès d'elle ſon enfant. Elle eſt occupée à marchander des bijoux qu'une femme lui montre; à la droite du

Tableau, eſt une autre femme debout, les mains croiſées; un jeune garçon auſſi debout paroît attendre des ordres. Ce morceau aimable d'une touche fine, approche du genre de Raoux. Toile. H. 16 p. l. 19 p. & demi.

J. Dorneer.

461 Deux Tableaux en pendant, repréſentant des Intérieurs d'Atteliers d'Ouvriers, dont l'un eſt un Chaudronnier à ſon ouvrage, à qui une jeune femme apporte un poëlon à raccommoder: près de lui, ſont deux autres figures, dont un enfant tenant une aſſiette caſſée; ſa femme, placée ſur le devant du Tableau, allaite ſon enfant.

Le ſecond repréſente un Tonnelier qui façonne un cerceau; un garçon qui hache une planche; au milieu eſt une femme avec trois enfans, dont l'un ramaſſe des copeaux. Ces deux morceaux remplis de caracteres, & d'un détail intéreſſant, ſont peints ſur cuivre. H. 15 p. l. 17.

Mayer.

462 Deux Tableaux en pendant, repréſentant des Vues, d'après nature. Dans l'un, on apperçoit l'Egliſe d'un Village: un chemin qui paſſe devant, & au bas d'une montagne, eſt occupé par des troupeaux de bœufs & de chevres, que deux Pâtres,

dont un monté ſur un âne, conduiſent; à la droite, eſt un ruiſſeau. L'autre repréſente un chemin où l'on voit un homme monté ſur un cheval blanc, ſuivi de ſon chien, & parlant à un Payſan; quatre autres figures ſe voyent dans l'éloignement, & vont à un Village qui eſt au bas d'une haute montagne; à la droite du tableau, eſt élevé un poteau d'une Juſtice Seigneuriale. La nature eſt rendue telle qu'on la voit, dans ces deux morceaux qui font regretter la perte qu'on vient de faire de leur Auteur. Ils ſont peints ſur bois. H. 11 p. & demi, l. 15.

PLATZER, de Francfort.

463 Deux différentes Vues de la Foire de Francfort: on y remarque une grande quantité de figures touchées avec eſprit, & ſur le viſage deſquelles on voit les divers intérêts qui les animent; le pinceau en eſt très-fin, & les caracteres en ſont bien rendus: ils ſont ſur cuivre. H. 13 p. & demi, l. 17.

L. DE FRANCE, de Liége.

464 Des Voleurs emportant dans une caverne qui leur ſert de retraite, les dépouilles qu'ils ont priſes à des Voyageurs, dont on voit les cadavres étendus à l'entrée. A la droite, eſt une jeune fille qu'on a miſe en chemiſe, & dont trois Voleurs

ſe diſputent au ſort la poſſeſſion ; elle eſt aſſiſe ſur une échelle, & plongée dans la douleur ; trois autres Voleurs ſont autour d'elle ; un quatrième briſe une caſſette. A la gauche, eſt un autre Voleur déguiſé en Capucin, qui parle à une femme ; au-deſſus eſt un autre femme couchée dans un hamac ſuſpendu au tronc d'un arbre ; dans le fond, trois Brigands conduiſent une femme qui pleure, & tient ſon enfant par la main. Toute l'horreur d'un pareil ſpectacle, eſt rendue avec la plus grande énergie ; les caracteres ſont vrais, la compoſition riche, & le coloris ſéduiſant. Il eſt peint ſur bois. H. 19 p. l. 26 p. & demi.

465 Un autre Tableau, du même Maître, dans lequel les effets de lumière & l'intelligence du clair-obſcur ſont portés à un degré éminent de perfection ; il repréſente une forge où huit Ouvriers ſont occupés à faire des cloux. Un enfant fait aller le ſoufflet. A la droite, un homme tenant une femme vêtue en Amazone, parle au Maître-Ouvrier, & paroît l'interroger ſur ſon art ; les étaux & autres acceſſoires d'une forge ſont précieuſement terminés. Bois. H. 18, l. 24.

ECOLE FRANÇOISE.

PEINTRE DE FONTAINEBLEAU.

466 Les Apôtres mangeant l'Agneau Pascal avant leur dispersion. Ce Tableau peint en 1563, sur bois, porte 24 p. de h. sur 17 de l.

JANNETTE.

467 Le Portrait vu aux deux tiers d'une jeune fille, tenant un chien entre ses bras, habillée suivant le costume du tems d'une robe lilas clair, dont les manches sont découpées & garnies de petits rubans. Ce tableau peint avec soin, porte 23 p. de h. l. 17.

SIMON VOUET.

468 Sept personnes, de grandeur naturelle, assises ou debout autour d'une table couverte d'un tapis en broderie, & désignant les Arts.

Ce Tableau, digne des grands Maîtres Italiens, est un des plus beaux de Vouet, qui s'y est peint lui-même à l'âge d'environ quarante ans. Toile. H. 51 p. l. 72.

JACQUES CALLOT.

469 Un Tableau, composé de quantité de figures, représentant les Miseres de la Guerre. Toile. H. 17, l. 18.

470 Un Tableau, ſur bois, repréſentant des gueux qui ſe battent. H. 11 p. l. 9.

POUSSIN & LE MAIRE.

471 Le Veſtibule d'un Temple orné de Portiques à demi ruinés: on y voit la ſtatue de Priape qu'un Satyre orne de fleurs; des enfans les lui préſentent; un petit Satyre joue de la cornemuſe; on voit à-travers les arcades la Ville de Rome: les figures par Nicolas Pouſſin ſont d'une belle touche & ſpirituellement peintes. Toile. H. 36 p. l. 48.

JACQUES STELLA.

472 La Vierge aſſiſe & appuyée ſur une table, tenant l'Enfant Jéſus ſur ſes genoux. Toile. H. 12 p. l. 10.

CLAUDE GELÉE, dit LE LORRAIN.

473 Deux beaux Payſages en pendant. L'un repréſente au Soleil couchant, un beau ſite dont le milieu eſt occupé par une rivière; à la droite, eſt une colline environnée d'arbres, au bas de laquelle eſt un chemin où paſſe un troupeau conduit par un Berger; ſur le devant eſt un grand arbre près duquel une Dame & un Homme ſe diſpoſent à entrer dans une barque où ſont deux bateliers; un lointain de montagnes bien entendu fait le fond de ce Tableau.

L'autre, d'une beauté égale au précédent, représente l'intérieur d'un Jardin champêtre, où sont entre autres figures, des femmes qui lavent du linge dans un lavoir pratiqué sous un berceau de vignes très-épais. Ce Tableau est peint à l'heure du midi. Toile. H. 19 p. l. 25.

474 Une Campagne, au bas de laquelle coule une rivière: on voit les Ruines d'un Château sur une colline; à la droite, sont un homme & une femme qui s'acheminent vers une forêt; sur le premier plan, est un troupeau de bœufs; les animaux & la vapeur de l'air sont sçavamment rendus dans ce Tableau. H. 23 p. l. 26.

BLANCHARD.

475 Un Tableau, d'une touche ferme, & d'une composition sçavante, représentant Susanne au bain, accompagnée de trois de ses femmes. On apperçoit les deux Vieillards qui veulent la séduire dans l'éloignement; le fond est un Paysage orné d'une belle architecture. Cuivre. 24 p. de diametre.

476 La Vierge occupée au travail; l'Enfant Jésus la caresse; Saint Joseph qui est dans l'intérieur de la Chambre, exerce son métier de Charpentier. Toile. H. 52 po. l. 40.

LAURENT DE LA HIRE.

477 Le Martyre d'un Saint auquel un Bourreau vient de trancher la tête; des Satellites repoussent des femmes qui veulent recueillir son sang; dans le haut est une gloire d'Anges, dont un tient une palme. Ce Tableau, du bon tems du Maître, est peint sur toile. H. 22 p. & demi, l. 18 p. & demi.

CHARLES-ALPHONSE DU FRESNOY.

478 L'Enlévement de Proserpine, que ses compagnes cherchent en vain à arrêter; belle composition dont le fond est un Paysage, d'une touche large & d'un bon ton de couleur. Toile. H. 26 p. l. 39.

SÉBASTIEN BOURDON.

479 Deux Tableaux de la première conséquence. L'un représente Moyse sauvé des Eaux par les ordres de la fille de Pharaon qui est debout, & qui les fait exécuter par deux de ses Suivantes; un Vieillard tient le panier où l'Enfant est exposé; derrière la Princesse sont six autres de ses femmes. Le Nil baigne la campagne; au-delà du fleuve, on apperçoit la Capitale de l'Egypte, un pont, des pyramides & des obélisques.

L'autre Tableau représente Moyse enfant foulant à ses pieds la couronne de Pharaon, dans le vestibule du Palais du Monarque.

Monarque. A la droite, sont six personnes de la Cour, dont un Vieillard tenant un poignard est dans l'attitude d'en vouloir frapper l'enfant: à la gauche, la fille de Pharaon assise, & accompagnée de quatre de ses femmes, regarde la scène qui se passe.

Ces deux Tableaux, dignes d'orner la Galerie du Roi, avoient eu cette destination: ils étoient en plus grand, & une Couronne Etrangere en acquit, il y a plusieurs années, trois qui en étoient la suite; ceux qu'on vient de décrire n'étoient pas alors dans le cas d'être vendus; on ne peut en contester la beauté de la composition, l'expression & le coloris; ils sont du nombre des productions de ce Maître, qui l'ont immortalisé; les figures sont grandes comme nature. Ils sont peints sur toile. H. 9 pieds 6 pouces, l. 10 pieds & demi.

480 Un Tableau capital, venant du Cabinet de M. de Lassay, & qui y a été admiré de tous les Connoisseurs: il représente Apollon poursuivant Daphné qui est changée en laurier; ses compagnes qui sont dans l'éloignement ont les yeux fixés sur la scène qui se passe. Le Dieu du Fleuve est appuyé sur son urne; des Amours voltigent dans les airs. Ce Tableau, d'une belle fonte de couleur & aimable composition,

eſt peint ſur toile. H. 6 pieds 8 pouces, l. 9 pieds 2 pouces.

481 Le Départ de Jacob avec ſa famille, ſes domeſtiques & ſes troupeaux, de chez Laban. Ce Tableau admirable par ſa belle compoſition, ſon ton de couleur harmonieux & argentin, vient du Cabinet de M. Michel Vanloo. Toile. H. 18 p. l. 14.

482 La Converſion de Saint Paul; on le voit renverſé à terre; ſon cheval effrayé eſt retenu par un Satellite de ſa ſuite; d'autres Soldats à cheval & à pied, paroiſſent ſaiſis d'étonnement; Jéſus-Chriſt du haut des nues, fait entendre ſa voix au Perſécuteur de ſon culte. Ce Tableau, d'une ſage ordonnance & d'un beau coloris, eſt digne de la haute réputation de ce Peintre. Toile. H. 36 p. l. 42.

483 Les Portraits de deux Généraux d'armées, revêtus de leurs cuiraſſes & écharpes; ils ſont vus plus qu'à mi-corps, & de forte nature. Ces deux Tableaux, qui ſont en pendans, ſont d'une grande fineſſe de couleur, & viennent de la Collection de Monſeigneur le Prince de Conti. Toile. H. 40 p. l. 33.

484 Saint Pierre & Saint Paul guériſſant les Malades, & délivrant un Poſſédé qui eſt enchaîné à une colonne. Ce Tableau vigoureuſement peint eſt du bon tems de ce Maître. Toile. H. 51 p. l. 27.

485 Pluſieurs Soldats autour d'une table de

pierre placée à l'entrée d'une caverne ; l'un d'eux tient un verre de vin, deux autres se disputent ; sur le devant, un jeune garçon tient d'une main son chapeau, & de l'autre son bâton ; plus loin un homme vu par le dos est assis à terre près d'un feu & ayant à côté de lui une armure. Ce morceau est du ton de couleur le plus fin. Toile. H. 20 p. l. 15 p. & demi.

486 Des Gueux & Mandians préparant leur repas au bas d'un ancien édifice. Ce Tableau, dans le genre de Bamboche, est peint sur toile. H. 22 p. l. 30.

487 Une Vue du Pont du Gard au Soleil levant ; deux personnes sont assises sur un rocher. Toile. H. 11 p. l. 13 p. & demi.

THOMAS BLANCHET.

488 La Vierge, l'Enfant Jésus, & Saint Joseph. Ce Tableau, d'un beau coloris, dont les figures sont plus fortes que nature, est peint sur toile. H. 36 p. l. 46.

489 Susanne surprise au bain par les deux Vieillards. Ce Tableau, dans lequel la figure principale est finie avec soin, est sur toile. H. 36 p. l. 48.

EUSTACHE LE SUEUR.

490 Tobie dans la Chambre de son Epouse, jettant dans le feu le foie du poisson, pour chasser l'esprit malin ; l'Ange qui est à côté de lui, se fait connoître pour son

compagnon de voyage; sa femme assise, & pleurant déjà la perte de son époux, qu'elle croit assurée, paroît saisie d'étonnement; on voit de l'entrée de l'appartement une campagne où sont deux personnes; la correction du dessin, le brillant du coloris, la sagesse d'une belle composition, mettent ce Tableau au rang des meilleures productions de ce sçavant Artiste, dont les Tableaux de chevalet, sont très-rares. Toile. H. 32 p. l. 45.

CHARLES LE BRUN.

491 Esther tombant évanouie aux pieds d'Assuérus qui est sur son trône: deux de ses femmes la soutiennent: Aman assis sur les degrés de ce trône, tient en ses mains l'arrêt de proscription contre les Juifs.

Les sentimens de douleur dans la Reine, de bonté dans le Prince, & d'inquiétude dans son Ministre, sont exprimés sur les visages avec toute la vérité que le Brun mettoit dans ses tableaux. Toile. H. 64 p. l. 42.

JACQUES COURTOIS, dit LE BOURGUIGNON.

492 Un Combat de Cavalerie, qui se donne dans une vaste plaine située au pied des montagnes. Ce Tableau, où l'on remarque tout le feu de l'action & une couleur brillante, est du meilleur tems du Maître. Toile. H. 13 p. l. 25.

492 *bis.* Deux Tableaux en pendant. L'un représente l'attaque d'un pont fortifié dont des troupes défendent le passage. Sur le devant on voit arriver un Régiment de Cuirassiers à cheval. L'autre représente un pont sur lequel passe de la Cavalerie. Toile. H. 14 p. l. 14.

GUILLAUME COURTOIS.

493 Un Tableau d'une extrême finesse dans le genre de Bartholomé Bréenberg. Il représente un Paysage sur le devant duquel est une rivière où sont deux barques de Pêcheurs. Au delà est une colline sur laquelle est construite une tour; au bas sont des troupeaux; d'autres animaux paissent dans un vallon sur lequel s'étend un ciel brillant. Cuivre. H. 6 p, & demi, l. 7.

494 La Vue d'un Rivage. On voit une tour située sur des rochers qui s'avancent dans la mer; un vaisseau dont on n'apperçoit qu'une partie, occupe la droite du Tableau: une chaloupe pleine de monde, s'avance vers le rivage où sont sept personnes. Cuivre. H. 6 p. & demi, l. 8 p. & demi.

ANTOINE LE NAIN.

495 Une Assemblée de gens de distinction de divers Etats dans une espece d'hôtellerie: ils sont au nombre de six, placés autour d'une table sur laquelle est une

chandelle allumée posée sur un tapis ; ils s'amusent à fumer : derrière eux est un Negre disposé à les servir : deux bouteilles sont dans un seau de cuivre à terre : dans l'enfoncement du Tableau est un homme qui se chauffe ; on n'en peut désirer un plus beau de ce Maître, soit pour le fini & l'expression des figures, soit pour la perfection des draperies. Toile. H. 44 p. l. 50.

496 Les Bergers adorant l'Enfant Jésus dans la crêche, & apportant leurs présens à la gauche de cette composition, on voit sur un nuage l'Ange qui annonce aux Bergers la naissance du Messie. Ce Tableau, du plus grand effet & rempli de caractere, peut être regardé comme un de ceux où ce Peintre a porté son art au plus haut degré de perfection. Toile. H. 27 p. l. 35.

497 L'Intérieur d'une Etable, dans laquelle sont des bœufs, des moutons, des oies, des dindes, poules & pigeons, un homme versant du lait dans une beurrière, & divers accessoires d'une ménagerie. Ce Tableau vient de la Collection de Monseigneur le Prince de Conti. Sur toile. H. 23 p. l. 29.

498 Le Portrait d'une jeune Paysanne dont les cheveux sont épars : elle est dans un ancien fauteuil représentée aux deux tiers, tenant dans ses mains un livre qu'elle lit

avec attention. Ce morceau, de la plus parfaite vérité, est sur toile. H. 24 p. l. 21.

LOUIS LE NAIN.

499 Une vieille Femme assise sur un banc, & près d'elle deux Enfans occupés l'un à couper du pain, l'autre à dire son *Benedicite*. Ce Tableau, dont les figures sont vues à mi-corps, est peint sur toile. H. 20 p. & demi, l. 24.

NOEL COYPEL.

500 Saint Louis au lit de la mort, recevant la Communion des mains d'un Evêque: son fils & ses Officiers sont en pleurs autour de son lit: des Anges paroissent dans des nuages au dessus de sa tête: ce Tableau qui est gravé, & qui a de la réputation, est peint sur toile. H. 58 p. l. 38.

JEAN FORETS.

501 Un des plus beaux Tableaux de ce Maître, & des mieux colorés, représentant Diane & Endymion. Toile. H. 24 p. l. 30.

LUBIN BEAUGIN.

502 La Vierge vêtue d'une draperie rouge & bleue, assise au bas d'une colonne, sur la base de laquelle S. Joseph est appuyé: elle tient devant elle l'Enfant Jésus qui

met un anneau au doigt de Sainte Catherine. Ce Tableau, dont l'Estampe est connue, est d'une belle fonte de couleur, & approche du genre du Guide. Toile. H. 48 p. l. 66.

503 Un homme attachant inhumainement sa Femme à quatre pieux pour l'égorger: elle a les yeux levés vers le ciel, & est accompagnée de deux Enfans, dont un pleure, & l'autre tâche d'arrêter son Bourreau. Ce Tableau, d'une finesse de couleur égale au Bourdon, est peint sur toile. H. 30 p. l. 24.

504 La Vierge assise & vue jusqu'aux genoux, tenant sur elle l'Enfant Jésus endormi: ce Tableau, d'un beau ton de couleur, est un des plus fins de ce Maître. Bois. H. 6 p. & demi, l. 5 p.

505 Un autre Tableau de la Vierge, tenant l'Enfant Jésus endormi, peint dans la manière des grands Maîtres de l'Ecole de Bologne. Bois. H. 12 p. l. 7.

CHARLES DE LA FOSSE.

506 La Mere, l'Epouse & les deux Fils de Coriolan prosternés aux genoux de ce Guerrier, qui, à la tête des Volsques, se dispose à prendre la Ville de Rome, d'où il a été banni. Ce Tableau, un des plus beaux de ce Maître, a été gravé en 1723 par Thomassin. Toile. H. 7 pieds, l. 9.

507 Notre-Seigneur dans le désert, adoré

& servi par les Anges. Ce Tableau, d'un coloris brillant & d'un faire admirable, vient de la Collection de Monsieur de Julienne. Toile. H. 38 p. l. 48.

508 Un Berger assis au pied d'un arbre, jouant de la flûte près de sa Bergere. Bois. H. 10 p. l. 8.

JOSEPH PAROCEL.

509 Cyrus assis sur son trône, distribuant à ses généraux les honneurs & les récompenses: on voit dans l'éloignement la ville d'Ecbatane & des montagnes. Ce Tableau dans le genre historique, est un des plus capitaux de ce Maître, & tient de la force & du coloris de Raimbrant. Toile. H. 42 p. l. 54.

510 Deux Tableaux en pendant, du plus beau ton de couleur, & bien caractérisés dans les figures. L'un représente un Combat des Allemands contre les Turcs donné sur un pont; l'autre une Compagnie de Soldats dans un jardin autour d'une table, dont les uns chantent & les autres boivent. Toile. H. 17 p. l. 20.

PIERRE PATEL.

511 Un Paysage avec les ruines d'un bel édifice, que le tems a détruit. Il est enrichi de figures. Toile. H. 36 p. l. 48.

512 Deux Paysages en pendant, d'une composition agréable; ils sont enrichis de

ruines d'édifices, & représentent la campagne, l'un au lever, l'autre au coucher du Soleil. Toile. H. 12 p. l. 25.

PÉRELLE.

513 Un joli Paysage, où l'on voit une rivière qui borde une forêt. Sur le devant, sont un Berger & une Bergere qui gardent des moutons. Bois. H. 8 p. & demi, l. 10 p. & demi.

BON BOULOGNE.

514 Deux Tableaux des plus capitaux de ce Maître, l'un représentant la Naissance d'Adonis; l'autre sa Mort. Le Peintre a pris l'instant où il est renversé par le sanglier. Vénus descend sur un nuage pour le secourir. Ces deux Tableaux, dignes des grands Maîtres d'Italie que l'Auteur avoit étudiés avec soin, viennent de la Vente faite à l'Hôtel Colbert, & avoient été faits pour le grand Ministre de ce nom. Toile. H. 38 p. l. 47.

515 Lucrece assise sur son lit, tenant le poignard dont elle va se frapper; une figure noble, accablée de tristesse, caractérise cette Héroïne Romaine: derrière elle est un beau rideau bleu, soutenu par une figure en Terme. Sur toile. H. 45 p. l. 51.

CHARLES-FRANÇOIS POERSON.

516 Le Tems enlevant la Vérité qui est

presque nue, & à qui l'Amour cherche à arracher ce qui lui reste de vêtemens : ce Tableau tient beaucoup du sublime pinceau de le Sueur, à qui nous n'osons le donner, à cause de quelques négligences qui s'y rencontrent : mais qui est certainement de celui qui, dans notre Ecole, l'a approché de plus près : il est sur toile, de forme ovale. H. 24 p. l. 19.

FRANÇOIS DESPORTES.

517 Deux Cygnes dans un vivier, & quatre Canards, dont un semble être poursuivi. Le fond de ce beau Tableau est un Paysage, aussi largement touché que les Oiseaux. Toile. H. 43 p. l. 54.

518 Un joli Chien épagneul, qui paroît arrêter un Oiseau de rivière caché dans des roseaux. Il est peint à faire illusion. Toile. H. 17 p. l. 22.

JEAN-FRANÇOIS DE TROYES.

519 Diane au bain, accompagnée de ses Nymphes, dont les visages annoncent la surprise sur la métamorphose d'Actéon en Cerf, & poursuivi par ses chiens. Ce morceau, d'une belle ordonnance, très-agréable par le sujet & le ton de couleur, vient d'être supérieurement gravé par M. le Vasseur. Toile. H. 47 p. l. 71.

520 L'Apparition de Saint Louis à Henri IV, après la bataille d'Ivry : on voit dans

l'éloignement un camp, des Hommes à cheval, & le vestibule d'un Palais : Esquisse terminée sur carton. H. 7 p. & demi, l. 6 p. & demi.

NICOLAS VLEUGELS.

521 L'Arrivée d'Aristée dans la grotte de sa mere : plusieurs Nymphes s'empressent à le recevoir, tandis que d'autres lui préparent un repas. Ce Tableau de la composition la plus agréable, & d'un coloris sincere, est sans contredit le plus beau qu'on connoisse de ce Peintre. Bois. H. 11 p. l. 14.

522 Le Gascon puni : Sujet tiré d'un Conte de la Fontaine : ce Tableau d'un très-bon effet, & d'une grande finesse de pinceau, est peint sur cuivre. H. 13 p. l. 10.

523 Notre-Seigneur assis, & disputant avec Simon le Pharisien : très-bon Tableau dans le genre de l'Ecole Italienne. Toile. H. 6 p. & demi, l. 8 p. & demi.

ROBERT TOURNIERE.

524 Le Portrait du Poëte la Mothe en robe de chambre, & travaillant à des pièces de Poésies : il est gravé de même grandeur que le Tableau, qui est peint sur bois. H. 7 p. & demi, l. 5 p.

GILLOT.

525 Le Singe malade, Sujet grotesque, &

plaisamment exécuté dans le genre d'arabesque ; le Portrait du Médecin y est singulièrement dépeint. Toile. H. 20 p. l. 16.

ANTOINE VATTEAU.

526 Un Paysage agréable vu de l'Entrée d'un Jardin où est rassemblée une compagnie de six personnes ; quatre sont assis, & les deux autres se promenent en causant. Deux enfans jouent ensemble près des degrés d'un vestibule : ce Tableau, admirable par sa touche spirituelle & son coloris brillant, vient de la Collection de M. le Duc de Grammont, & a été enlevé avec tout le succès possible de bois sur toile. H. 14 p. l. 17.

527 Deux Paysages faisant pendant. L'un représente un Parc, où l'on voit six Personnes, dont une Femme & un Berger qui font un bouquet de roses. Dans l'autre, on apperçoit un homme en manteau rouge, vu de côté, & parlant à un autre qui est assis à côté d'une femme ; près d'eux un enfant joue avec un chien. Ces deux Tableaux, d'une belle touche & bien conservés, viennent de la collection de Monseigneur le Prince de Conti. Toile. H. 16 p. l. 13.

428 Deux Tableaux richement composés & enrichis d'un grand nombre de figures. L'un représente une Halte de Soldats sous une tente & sous des arbres ; l'autre, les

bagages de l'armée qui défilent par un très-grand vent, dont l'effet est rendu avec la plus grande vérité; ils sont escortés par des troupes. Ces deux Tableaux qui sont gravés, joignent au mérite des productions de leur auteur, celui d'être peints avec des couleurs très-claires qui ont conservé toute leur fraîcheur. Bois. H. 7 p. & demi, l. 12 p. & demi.

529 Un jeune homme assis, & jouant de la guitarre; une femme couverte d'un voile noir, & peinte avec esprit, est près de lui : le fond est un Paysage terminé par des ruines. Toile. H. 15 p. l. 12.

Watteau et Pater.

530 Une Fête champêtre donnée dans un beau Jardin. Ce Tableau, dont la plus grande partie des figures a été peinte par Watteau, & le reste par Pater, est de la plus belle ordonnance, & ne laisse rien à désirer. Toile. H. 18 p. l. 23.

Watteau & Boyer.

531 Un Paysage, à la gauche duquel est un piédestal orné de bas-reliefs; sur un plan éloigné est une fontaine ou une femme lave du linge; au bas du piédestal est un joueur de flûte assis près d'une femme: ces deux figures sont peintes par Watteau, le Paysage & l'architecture par Boyer. Toile. H. 22 p. l. 15 p. & demi.

VATTEAU & LA JOUE.

532 Un Paysage fait pittoresquement par la Joue, dans lequel on a placé une balançoire entre deux arbres; une jeune Femme est assise dessus, & un jeune Homme qui tient la corde la fait voltiger; deux autres sont Spectateurs: les Figures sont par Vatteau. Sur toile. H. 34 p. l. 52.

VATTEAU & NORBLIN.

533 Deux Tableaux en pendant; l'un par Vatteau, représente une jeune Femme vêtue suivant le costume oriental; elle est assise dans un bosquet, le bras appuyé sur un coussin, & tenant dans sa main gauche un fruit. Ce Tableau, touché avec beaucoup d'esprit, vient du Cabinet de M. Boucher, premier Peintre du Roi; l'autre peint par Norblin, représente un jeune Espagnol dans un jardin; il est vu de côté, tenant une guitarre: l'un & l'autre sont peints sur bois. H. 7 p. & demi, l. 5.

JEAN-MARC NATTIER.

534 Bacchus assis sur un trône, au milieu d'un bosquet de vignes, tenant d'une main son tyrse & de l'autre une coupe dans laquelle un Amour verse du vin; un petit Satyre est debout près de lui, mordant dans une grappe de raisins; trois enfans sont sur le devant, dont un joue avec une

Panthere. Ce Tableau, d'un effet séduisant & d'un beau coloris, est sur toile. H. 24 p. l. 19.

FRANÇOIS LE MOINE.

535 Un Paysage varié. Dans le milieu est une Isle où est élevée une haute piramide qui paroît couvrir la sépulture de quelque Personnage distingué; la rivière qui l'environne, répand une fraîcheur agréable sur tout le Tableau; quatre figures differemment placées le rendent encore plus intéressant; le coloris est celui qu'on aime dans ce Peintre, & ajoute au mérite d'une belle composition. Toile. H. 24 pouc. l. 32.

NICOLAS LANCRET.

536 Deux Tableaux en pendant. Ils représentent des Vues champêtres. Dans l'un, une jolie femme voltige sur une balançoire. Dans l'autre, est une Société d'hommes & de femmes, dont les uns jouent des instrumens, & les autres dansent. Ces deux morceaux, d'une touche légere & spirituelle, sont les plus parfaits qu'on puisse trouver de cet Artiste. Toile. H. 14 p. l. 10.

537 Une Vue d'après nature, d'un moulin: on voit au bas une jeune fille qui pèche à la ligne, tandis qu'un jeune homme reçoit du poisson qu'une autre lui donne.

donne. Un Pêcheur se dispose à lever son filet ; à la droite du Tableau, est un Paysan debout. Toile. H. 23 p. l. 17.

538 Un Repas champêtre, pris sous des arbres par trois hommes & trois femmes. Un buffet est placé sous un arbre, & trois Valets sont employés à les servir. Toile. H. 36 p. & demi, l. 48.

539 Une femme vêtue d'une robe rouge fourrée de marthe, le collier & la toque de même, sortant d'un bosquet où l'on voit un piédestal. Ce Tableau, dont la figure principale intéresse, est peint sur toile. H. 34 p. l. 36.

540 Deux Tableaux en pendant. Dans l'un est une jeune femme vêtue d'une robe cerise clair, fourrée de marte; dans l'autre, un jeune homme dans le costume turc. Ils sont dans un joli fond de Paysage. Toile. H. 27 p. l. 22.

LANCRET ET BÉNARD.

541 Deux Tableaux en pendant. L'un par Lancret, est gravé sous le titre du Camouflet donné ; l'autre par Bénard, représente une jeune Servante vue à mi-corps près d'une croisée. Toile. H. 19 p. l. 15.

JEAN-BAPTISTE PATER.

542 Une Halte de Soldats qui prennent leur repas près des cantines des Vivan-

diers. A la gauche, devant des tentes eſt une charette où l'on charge du bagage; un riche Payſage & un beau Ciel terminent ce tableau dont l'harmonie & le coloris égalent la richeſſe de la compoſition. Toile. H. 22 p. l. 27.

543 Un Bal champêtre, exécuté par une troupe d'hommes & de femmes galamment vêtue; dans le milieu, une jeune femme danſe avec un homme au ſon de divers inſtrumens. Ce Tableau, d'un ton de couleur ſéduiſant, eſt très-fini; la touche en eſt délicate & ſpirituelle. Il peut être mis au rang des meilleures productions de ce Peintre. H. 23 p. l. 27.

544 Deux Tableaux en pendant, repréſentant des campagnes riantes, où ſont des groupes d'hommes & femmes dans un coſtume galant. Ces deux morceaux, du plus beau ton de couleur, & ſpirituellement touchés, ſont auſſi agréables que les précédens. Toile. H. 18 p. l. 21 p. & demi.

545 Une femme à moitié déshabillée lavant ſes jambes dans l'eau d'une fontaine; ſa fille eſt aſſiſe près d'elle; ſon Amant caché derrière un arbre, cherche à s'approcher. Un charmant Payſage fait le fond de ce beau Tableau, dont le mérite eſt connu. Il eſt peint ſur toile. H. 12 p. l. 14 p. & demi.

546 Une eſquiſſe très-avancée, repréſentant

plusieurs femmes au bain, ou prêtes à y entrer; des hommes cachés les regardent attentivement à travers les feuillages; un plus hardi tâche d'en arrêter une; un Vieillard jaloux en observe une autre.

Il ne manque à ce Tableau, qui est de la composition la plus charmante, que d'avoir été entièrement terminé, pour tenir le premier rang parmi les productions de ce Maître. Toile. H. 24 p. l. 30.

547 Un Paysage agréable, arrosé par une rivière; à la droite, sont de grands arbres & quatre figures; à la gauche, & dans l'éloignement, on découvre un moulin, des montagnes, & quelques fabriques. Ce morceau, d'un bel effet, & bien coloré, est peint sur toile. H. 26 p. l. 21.

548 La Vue d'une Ferme, dont on découvre une partie des bâtimens & le colombier, où un homme & une femme montent pour prendre des pigeons; sur le devant un Berger garde des moutons; une femme montée sur un cheval blanc, & précédée d'un enfant monté sur un autre cheval, passent un ruisseau. Toile. H. 18 p. l. 22.

CHARLES COYPEL.

549 L'Apothéose de Saint Grégoire porté au Ciel par les Anges. Ce Tableau, d'un coloris frais, est fait spirituellement. Il est

de forme ronde dans une bordure quarrée & porte 36 p. de diametre.

550 Le Génie ſous la figure d'un beau jeune homme aîlé ayant une flamme ſur la tête, inſpirant la Peinture repréſentée ſous la forme d'une belle femme tenant une palette & des pinceaux : ingénieuſe compoſition, dont les figures ſont grandes comme nature. Toile. 6 pieds 4 po. de diamètre.

De Barre.

551 Un Sujet de cinq Figures de caractere de la Scène Italienne, artiſtement peint dans le genre de Watteau, avec un joli fond de Payſage. Toile. H. 37, l. 29.

Pierre Subeyras.

552 Deux Tableaux ſur toile, dont les ſujets ſont tirés des Contes de la Fontaine ; l'un ſous le titre du Faucon, l'autre ſous celui de Frere Luce : ils viennent de la Vente faite après le décès de M. Natoire, Directeur de l'Académie de Peinture à Rome. H. 13 p. l. 10.

553 Le Portrait d'une Princeſſe Italienne, richement habillée dans le coſtume du ſeizième ſiècle. Ce Tableau tient beaucoup à la manière du Titien. Toile. H. 7 p. & demi, l. 5 p. & demi.

CHARLES NATOIRE.

554 Une très-belle esquisse terminée, représentant Vénus qui ordonne à Vulcain de faire des armes pour Enée; on voit dans une caverne plusieurs Cyclopes occupés à les forger. Toile. H. 24 p. l. 20.

555 Une figure de femme vue à mi-corps, & représentant la Géométrie; elle est appuyée sur une table, tenant de la main droite un compas. Ce Tableau a le gracieux qu'on trouve dans les ouvrages de ce Maître.

556 Une Allégorie ingénieuse, représentant une jeune femme la gorge découverte en partie, allumant avec un verre aux rayons du Soleil un flambeau qu'elle tient en sa main; un Amour leve le voile qu'elle a sur sa tête, & tient une fleche dont il se prépare à la percer; une jeune fille est attentive à ce qui se passe. Cette belle copie d'après le Moine, par Natoire, est de forme ovale, dans une bordure quarrée. Toile. H. 26 p. l. 34.

JEAN GRIMOU.

557 Deux Tableaux en pendant. L'un représente une jolie femme habillée en marmote; l'autre un jeune garçon vêtu en Savoyard, coëffé d'un chapeau garni de plumes, portant sur son dos une lanterne magique. Ces deux morceaux, très-fins de

couleur, & rendus avec vérité, sont peints sur toile. H. 20 p. l. 16 & demi.

PIERRE-JACQUES CAZES.

558 Vénus sortant de la mer, assise sur un char formé de coquillages & tiré par des dauphins. Les Dieux & les Déesses de la Mer s'empressent de lui en offrir les productions : deux Tritons sonnent de la conque marine : cinq Amours étendent un voile sur la tête de la Déesse ; un autre lui amène ses colombes, & celui qui est le plus caractérisé tient son arc & décoche des fleches. Ce morceau intéressant par la composition & le coloris est peint sur toile. H. 48 p. l. 72.

TILLIARD.

559 Deux Tableaux en pendant. L'un représente un concert formé par une compagnie d'hommes & de femmes, dans un jardin qu'une rivière borde ; l'autre, plusieurs personnes, hommes, femmes & enfans, assemblées dans un Sallon, dans l'enfoncement duquel on voit un buffet garni. Toile. H. 22, l. 27.

SARRABAT.

560 Hérodias recevant des mains du Bourreau la tête de Saint Jean-Baptiste. Ce tableau, du coloris le plus vigoureux, est

un des meilleurs de ce Peintre. Toile. H. 48 p. l. 36.

FRANÇOIS BOUCHER.

561 Jupiter ſous la figure de Diane, cherchant à ſurprendre Caliſte ; près d'elle eſt un Amour, & plus loin l'aigle de Jupiter : le fond repréſente un boſquet agréable, dans le haut duquel trois Amours ſe tiennent ſuſpendus à une branche, & étalent des guirlandes de fleurs ; divers acceſſoires enrichiſſent ce charmant tableau, qui vient de la Collection de Monſeigneur le Prince de Conti. Toile. H. 36 p. l. 27.

562 Vénus & les Grâces enchaînées avec des fleurs par les Amours. Cette Ebauche très-avancée, & d'une aimable compoſition, avoit été faite pour l'Impératrice de Ruſſie ; elle eſt de forme ovale, dans une bordure quarrée. Toile. H. 39 p. l. 46.

563 Un joli Payſage, où l'on voit une rivière, & un pont derrière lequel eſt un colombier. Ce joli morceau orné de figures, eſt gravé ſous le titre du Colombier. Toile. H 23 p. l. 19.

564 Une Eſquiſſe avancée, d'une Vue champêtre où l'on voit un hameau entouré d'arbres, devant lequel paſſe un ruiſſeau. Un pont le traverſe, & deſſus eſt une femme qui conduit un troupeau de moutons ; deux Payſans ſuivent avec un âne chargé de bagage. Sur le devant ſont

deux femmes qui lavent du linge. Il eſt de forme ovale. Toile. H. 28 p. l. 21.

565 Un joli Payſage d'après nature, avec une rivière au bord de laquelle ſont des Pêcheurs. Bois. H. 8 p. l. 8 p. & demi.

566 Une Eſquiſſe en grizaille, d'un beau faire, repréſentant la Prédication de Saint Jean dans le Déſert. Toile. H. 28 p. l. 14 & demi.

CARLE VANLOO.

567 Sainte Clotilde à genoux devant un tombeau, ayant la tête & les yeux élevés vers une gloire d'Anges; derrière elle, eſt une table couverte d'un tapis violet clair, ſur laquelle eſt un livre ouvert. Ce tableau d'une grande beauté, eſt le petit de celui qui eſt dans la Chapelle du Château de Choiſy : il a paſſé du Cabinet de Louis-Michel Vanloo en celui de Monſeigneur le Prince de Conti. Toile. H. 27 p. l. 17.

568 Une femme d'un air majeſtueux, coëffée avec des fleurs & des perles, le ſein à moitié découvert, vêtue d'une robe brodée en or; elle tient d'une main des fleurs, & de l'autre un encenſoir d'où s'exhale la vapeur des parfums : elle paroît dans l'idée du Peintre déſigner l'odorat. Ce tableau fait ſçavamment, eſt ſur toile. H. 32 p l. 41.

569 Une très-belle Eſquiſſe avancée, repréſentant Clytie changée en Tourneſol,

L'Amour en pleurs à côté d'elle vient d'éteindre son flambeau; elle est sur le bord de la mer, où l'on voit le Soleil se précipiter dans son char. Toile. H. 41, l. 53.

570 Une autre belle esquisse, de même grandeur, & d'une égale beauté, représentant Bacchus & Ariane dans l'Isle de Naxos; le Dieu porte un manteau de peau de tigre, & la Princesse assise tient un thyrse à la main: deux Amours, dont un la couronne, sont élevés sur sa tête; un troisième est à côté d'elle; on voit la mer dans l'éloignement. Toile.

571 La Vierge debout, couverte d'une draperie bleue, & tenant l'Enfant Jésus, qui reçoit les présens des Rois prosternés devant lui: ce Tableau ressemble au genre de Carle Maratte, & a été peint en Italie. Toile. H. 23 p. l. 16.

572 Une belle Esquisse largement touchée, représentant Saint Pierre qui guérit un Paralytique. Toile. H. 23 p. l. 14.

SPOEDE.

573 Un agréable Tableau, & d'une composition brillante, représentant Cérès descendue de son char, porté sur un nuage, & recevant les prémices des fruits de la terre que des Amours lui présentent. Toile. H. 27, l. 44.

LUCAS.

574 Un Tableau repréſentant Diane qui ſouſtrait Aréthuſe aux pourſuites d'Alphée en la métamorphoſant en Fontaine. Toile. H. 24 p. l. 30.

J. B. MARIE PIERRE.

575 Un Vieillard tenant un bâton, & ayant une barbe griſe, aſſis dans une chaumière près d'une Payſanne qui a un mouchoir blanc autour de la tête. Sur la table ſont un pot de terre & un vieux chandelier : ce morceau d'un deſſin correct & d'une grande vérité, a été gravé. Toile. H. 48 p. l. 36.

JOSEPH VERNET.

576 Deux Tableaux en pendant, peints en Italie en 1758. L'un repréſente un Port d'une Ville d'Italie, dont on découvre le môle & une partie des maiſons ; le Soleil qui ſe leve cherche à diſſiper les nuages dont l'air eſt obſcurci, & qui commencent à diſparoître dans les endroits où ſes rayons percent ; ſur le premier plan ſont huit Pêcheurs près deſquels deux Femmes viennent acheter du poiſſon ; plus loin, au bas d'un rocher, dont le ſommet eſt couvert d'arbres, trois Matelots cauſent avec trois Femmes ; deux autres Matelots ſont dans une barque : ſur un plan plus éloigné

cinq autres apprêtent à manger, tandis que leurs Compagnons, au nombre de dix, tirent à terre un bateau : on voit ſur la mer, qui occupe la droite du tableau, pluſieurs vaiſſeaux, dont un a toutes ſes voiles tendues : ce Tableau, qui eſt la plus parfaite imitation de la nature, eſt peint avec une magie inconcevable ; il eſt un des plus beaux de cet habile Peintre.

Le pendant, peint en la même année, eſt une Vue du même Port priſe dans un autre aſpect au coucher du Soleil : on y voit des Pêcheurs qui ſerrent leurs filets, & différentes Perſonnes qui retournent à la Ville ; deux hommes, dont un jeune, ſont dans un bateau. Ces deux Tableaux ſont peints ſur toile, & portent 36 p. de h. ſur 49 de l.

577 Deux autres Tableaux en pendant. L'un repréſente une Tempête, dont on apperçoit toute l'horreur, & qui eſt dépeinte avec la dernière vérité : l'autre un tems de brouillard ſur une mer calme : pluſieurs pêcheurs jettent des filets, & tendent des lignes pour prendre du poiſſon : ces deux morceaux du plus grand effet & bien terminés, ont été, comme les précédens, peints en Italie. Ils ſont ſur toile. H. 15 p. l. 23.

J. DE LA CROIX.

578 Deux Tableaux en pendant, repréſen-

tant l'un une Pêche sur la mer dans un tems calme, on voit un grand rocher qui forme l'entrée d'un port; on apperçoit des vaisseaux mouillés sous le canon d'une tour, & la ville dans l'éloignement. De jolies figures d'hommes & femmes ornent ce Tableau. L'autre est le Spectacle effrayant d'une tempête dans lequel on voit un vaisseau du premier ordre qui vient se briser contre un rocher; des matelots tâchent de retirer une chaloupe qui a échoué; ces deux Tableaux, d'une belle touche, ont été peints à Rome en 1755. Toile. H. 17 p. & demi, l. 23.

579 Deux autres Tableaux en pendant. L'un représente un site sauvage; à la droite est une haute montagne sur laquelle est construite une forteresse; un pont fait avec des tiges d'arbres y conduit; il est appuyé dans son milieu à un rocher; une eau pure qui forme une rivière, passe par-dessous: sur le devant, une femme assise au pied d'un grand arbre, parle à un Pêcheur; trois autres, placés sur la droite, & dans un bateau, s'occupent de la pêche. L'autre tableau représente une vue de la Cascade de Tivoli, dont on voit sur une montagne le principal édifice; deux hommes s'amusent à pêcher dans l'eau réunie au bas de la Cascade: plus loin, on voit des terreins inégaux que l'eau a ravagés, & une Ville au pied des montagnes. Ces deux

morceaux, dignes de la réputation de l'Artiſte qui les a peints, ont été faits à Rome en 1754. Toile. H. 24, l. 18.

M. JEAURAT.

580 L'Intérieur d'un cabaret où ſont des Raccolleurs avec leurs Maîtreſſes, occupés à boire; dans le fond, un Soldat fait entrer un Payſan qu'il a enrôlé; un Bas-Officier aſſis ſur un banc, regarde les filles de la maiſon qui font la cuiſine; des pièces de volaille & de la viande ſont attachées au plancher. Ce tableau, d'une compoſition amuſante, a été gravé. Toile. H. 14 p. l. 16.

581 Un Berger cauſant avec une Bergere qui garde des moutons; Tableau d'un joli ton de couleur. Toile. H. 20 p. l. 15.

ROSE, de Marſeille.

582 Deux petits Payſages de forme ronde, dans des bordures quarrées; dans chacun on voit ſous divers aſpects, une Bergere qui garde ſes troupeaux: ces deux jolis Tableaux ſont peints ſur cuivre, & portent 4 pouces & demi de diametre.

EÏSEN le pere.

583 Deux Tableaux en pendant, repréſentant des jeux d'enfans: dans l'un une jeune Fille joue au volant avec un petit garçon; trois autres petites filles aſſiſes avec deux

garçons du même âge les regardent; une autre caresse son chien : le second Tableau composé de neuf figures, dont trois femmes, représente des enfans jouant à la boule: ces deux morceaux, d'une composition aimable, sont peints sur toile. H. 17 p. l. 14.

M. DE MACHY.

584 Un petit Tableau sur papier collé sur bois, représentant deux femmes qui dorment, & un jeune garçon mangeant des cerises sur une pierre. H. 4 p. 3 lig. l. 6 p. 3 lignes.

NICOLAIS.

585 Une Prêtresse de Cérès offrant à la Déesse les prémices des fruits de l'été ; elle est vêtue d'une robe de lin: sa Suivante à genoux lui présente un vase rempli d'eau pour les libations: ce Tableau est le morceau de réception de ce Peintre à l'Académie de S. Luc, & peut être gravé pour faire une suite des Tableaux de M. Vien dans le même genre, qui l'ont été. Toile. H. 30 p. l. 24.

CASANOVE.

586 Deux Tableaux du plus beau ton de couleur & d'une touche sçavante. L'un représente un Départ pour la Chasse, au Soleil levant ; l'autre le retour de la Chasse

au Soleil couchant. Dans le premier, une femme assise sur un cheval blanc, tenant un faucon sur son poing, & accompagnée de plusieurs Cavaliers & Chasseurs, dirige son chemin vers un bacq pour traverser une rivière qui arrose le pied des montagnes; à la droite est un grand arbre près lequel un Piqueur tient des chiens en lesse.

L'autre offre la Vue d'une Fontaine, dont la source est sous des Ruines d'Edifices. Une Compagnie de Chasseurs y est arrêtée pour faire la curée d'un cerf, & parmi eux sont deux femmes, dont une est encore à cheval: deux autres Chasseurs donnent du cors pour rappeller les chiens. Ces deux Tableaux du premier ordre sont peints sur toile. H. 33 p. & demi, l. 56 pouces.

M. DOYEN.

587 Une belle Esquisse sur papier collé sur toile, représentant un Sujet tiré de l'Histoire ancienne. H. 16 p. & demi, l. 15 p. & demi.

LOUIS LA GRENÉE.

588 Un Paysage frais & agréable, dans lequel on voit une Nymphe endormie, & près d'elle un Berger dans un mouvement d'admiration; ces deux figures à mi-nues, sont couvertes dans les autres parties d'étoffes bien drapées. Ce Tableau, d'un pin-

ceau admirable & d'une grande pureté de deſſin, fait honneur au talent ſupérieur de cet Artiſte; il vient d'être gravé par J. Ch. le Vaſſeur, ſous le titre de l'occaſion favorable. Sur cuivre. H. 12 p. & demi, l. 15 p.

589 La Vierge tenant ſur elle l'Enfant Jéſus : elle a la tête couverte d'un voile gorge de pigeon; ſa robe d'un jaune foncé eſt ſur un jupon azur; elle eſt aſſiſe près d'un lit, dont le rideau eſt verd, & ſur lequel eſt placé un oreiller; ce qu'on peut imaginer de plus aimable dans la figure ſe trouve réuni dans les têtes de la mere & de l'Enfant. Ce Tableau ſera toujours regardé comme un des plus beaux de cet Artiſte; il eſt peint ſur bois. H. 8 p. l. 6.

M. LAGRENÉE le cadet.

590 Hébé verſant du nectar dans la coupe de Jupiter qui eſt aſſis ſur un nuage, ſon aigle à ſes pieds; belle Eſquiſſe terminée. Toile. H. 28 p. & demi, l. 39.

J. B. GREUZE.

591 Une ſuperbe Tête de femme; elle eſt vue preſque de profil, ayant ſes cheveux bruns attachés avec un ruban bleu : de belles draperies violette & jaune lui couvrent les épaules & une partie de la gorge; ce beau morceau eſt l'étude terminée de la Prière à l'Amour. Il eſt au-deſſus de

tous

tous les éloges. Toile. H. 16 p. & demi, l. 13 p. & demi.

592 Une autre Tête, aussi parfaite que la précédente; elle représente une jeune & belle femme, dont les yeux élevés & la figure expriment les sentimens qui l'animent. Ce Tableau vient du Cabinet de M. Randon de Boisset. Sur toile. H. 17 p. l. 13.

593 Une jolie femme, vue presque à mi-corps, ayant un habit d'Amazone de couleur verte, brodé en or, sur une chemise ayant un collet de dentelles: elle a ses cheveux réunis dans un petit bonnet lilas en forme de toque. Ce tableau admirable dans les teintes, rend pour ainsi dire le mouvement du sang dans les veines; il vient du Cabinet de Madame du Barry. Toile. H. 14 p. & demi, l. 12.

HONORÉ FRAGONARD.

594 Huit jeunes femmes dans le bain, se jouant parmi les roseaux: l'une d'elles, supportée par les autres, cueille des fruits à un arbre dont les branches tombent presque sur elle. Cette ingénieuse composition pleine de feu, & d'un beau coloris, est peinte sur toile. H. 24, l. 30.

595 Un Géolier ouvrant la porte d'une prison: très-belle Esquisse terminée. Toile. H. 36 p. l. 30.

596 Une tête de Vieillard, peinte dans la manière de Rembrandt. Toile. H.

J. B. LE PRINCE.

597 La Vue d'une belle campagne arrosée d'une rivière, sur les bords de laquelle est une métairie. Sur le devant du Tableau, est une barque conduite par deux Bateliers; un Passager se dispose à y entrer avec un âne qu'il conduit; un Paysan assis jette des pierres dans l'eau pour les faire rapporter à son chien. Ce Tableau, d'un ton argentin, est touché avec un goût admirable; il a été vu avec plaisir au dernier Sallon. Bois. H. 11 p. l. 13.

J. B. HUET.

598 Deux Tableaux en pendant. L'un représente un pont de bois construit sur un torrent au bord duquel sont deux femmes; l'autre présente l'entrée d'une forêt près de laquelle un Berger garde une Vache & un troupeau de Moutons. Bois. H. 7 p. l. 9.

P. J. LOUTHERBOURG.

599 Un Paysage pittoresque, dont le milieu est occupé par une grande masse de rochers bordés d'une rivière; sur le devant est une prairie où sont deux bœufs & des moutons sous la garde d'un Pâtre qui parle à une Femme assise sur un âne; un peu

plus loin est un Berger assis près de son chien, & jouant du chalumeau; un coloris brillant, une touche ferme & précieuse, & le mérite d'une heureuse composition, se trouvent réunis dans ce Tableau, qui est un des plus beaux de ce Peintre, & sur lequel il a été agréé à l'Académie Royale de Peinture: il est sur toile. H. 42 p. l. 71.

600 Un Parti de Cavalerie poursuivant un détachement de Hussards qui se retirent dans une forêt. Ce Tableau est peint avec tout le feu possible, & approche ce qu'on connoît de plus beau en ce genre de peinture; il est peint sur toile. H. 39 p. l. 63.

601 La Vue d'une forêt contigue à une maison de Paysan devant laquelle passe un ruisseau; une femme accompagnée d'un jeune garçon va remplir ses seaux dans cette eau; un autre homme sort de la maison, précédé de son chien, tandis qu'un second chargé d'une hotte, y rentre. Ce tableau peint sur toile en 1762, porte 33 p. de h. sur 30 de l.

BRIARD.

602 Vénus accompagnée des Grâces, descendant du ciel pour secourir Adonis blessé par un Sanglier. Ce Tableau, d'une bonne couleur & d'une composition agréable, fait honneur à la mémoire de cet Artiste. Toile. H. 48, l. 36.

603 Un Tableau très fini, qui paroît avoir été exécuté en petit pour être ensuite répété en forme de plafond. Il représente l'Aurore qui chasse la Nuit ; elle est sur un nuage, portée par les Zéphyrs, & la Nuit est éclairée par les flambeaux que deux Amours tiennent. Toile. H. 12 p. l. 17.

604 Deux Tableaux en pendant. Dans l'un on voit Endimion couché & endormi sur un rocher ; Diane descend sur un nuage, accompagnée de deux Amours. L'autre représente Amphytrite assise sur un dauphin au milieu des flots, à qui des Tritons amenent le char & les chevaux de Neptune ; les Amours présentent à la Déesse des guirlandes de fleurs. Ces deux tableaux sont d'une composition gracieuse ; la couleur en est bonne, & tient beaucoup à la palette de Boucher : le Peintre paroît les avoir composés, pour représenter avec les deux suivans les quatre Elémens : ils sont sur toile. H. 11 p. & demi, l. 14 p. & demi.

605 Deux autres Tableaux en pendant ; l'un représente Cybele dans son char traînée par des lions, à qui des Amours présentent des fruits : il désigne la Terre. L'autre présente Vénus sous la forme d'une jeune fille environnée des Grâces, qui sont du même âge, & portées comme elle sur un nuage ; elle commande des armes à l'Amour, qui tient un marteau ; il est assis

près d'une enclume ; un essaim d'autres Amours sont occupés à forger sous un rocher : celui-ci désigne le Feu. Ces deux agréables Tableaux sont dans le coloris de le Moine, que l'Auteur a cherché à imiter. Toile. H. 11 p. & demi, l. 14 p. & demi.

606 Deux Paysages représentant des fabriques, arbres & rivières ; ils sont ornés de figures. Toile. H. 35 p. l. 30.

HUBERT ROBERT.

607 La Vue d'un Pont, dont une arche ruinée est réparée avec des pièces de bois chargées de planches d'où pendent des filets ; il domine sur une belle campagne, à la droite de laquelle est une montagne occupée par un ancien château : au bas sont des Blanchisseuses : sur le devant un Pâtre assis avec sa Femme & son Enfant garde un troupeau de moutons : trois Pêcheurs sont dans un bateau. La perspective admirablement observée, une riche composition & un beau ton de couleur, rendent ce Tableau très-précieux : il est peint sur toile. H. 14 p. & demi, l. 19 p. & demi.

608 L'Escalier de la Cave du Château du Caprarole ; ce Tableau d'un effet frappant vient du Cabinet de M. Randon de Boisset. Bois. 12 p. de diametre.

609 Une Vue de la Cascade de Tivoli à travers deux rochers ; une Femme & deux

Hommes ſont au bas: ce Tableau, peint en Italie, eſt ſur toile. H. 27 p. & demi, l. 23.

610 Une Eſquiſſe de la coupe du Parc de Verſailles, dont on voit le Château dans l'éloignement. Sur toile. H. 24 p. l. 36.

PILLEMENT.

611 La Vue d'un Rocher ſtérile qui domine ſur la mer, où l'on voit pluſieurs vaiſſeaux : deux Pécheurs aſſis, & une Femme debout, ſont ſur le devant; d'autres figures s'apperçoivent dans le lointain. Ce Tableau bien coloré & d'un bel effet eſt ſur toile. H. 20 p. l. 16 p. & demi.

LANTARA.

612 La Vue d'une Campagne où l'on voit une Hôtellerie, & plus loin un Village, par un clair de Lune. Ce Tableau eſt orné de figures peintes par Carême. Toile. H. 12 p. l. 15.

SAINT QUENTIN.

613 Diane & Endimion aſſis dans un fond de Payſage. Ce tableau, entièrement dans la manière de Carle Vanloo, eſt ſur toile. H. 14 p. l. 18.

M. VILLE fils.

614 Une jeune femme en manteau de lit de mouſſeline, coëffée avec des plumes

noires & blanches, lisant une lettre. Elle est assise dans un fauteuil de damas verd, & appuyée sur une table couverte d'un tapis de Turquie, sur lequel elle a mis son mouchoir & une tabatière d'or. Ce tableau dont le principal effet est dans la teinte, est d'une composition gracieuse: il a été exposé au dernier Sallon. Toile. H. 30, l. 24.

J. HOUEL.

615 Un Paysage sur le devant duquel est un grand arbre placé sur le bord d'un ruisseau; deux Voyageurs sont sur un chemin. Toile. H. 18 p. l. 24.

JULIART.

616 Un joli Paysage, dont la vue est très-étendue; il représente à droite un bois touffu, & à gauche la Cascade de Tivoli & le Temple de la Sibylle; une rivière qui traverse le Tableau vient se rendre sur le devant; on voit quatre femmes qui s'y baignent. Toile. H. 7 p. & demi, l. 13.

COTIBERT.

617 Un Faune présentant une grappe de raisin à une Bacchante à demi-nue. Bois de forme ronde. 5 p. de diamètre.

M. MARTIN.

618 Deux Tableaux en pendant; représen-

tant l'un une jeune femme assise, & coëffée en cheveux; elle est vêtue d'un manteau de lit de satin sur un jupon bleu: l'autre une Ouvrière ajustée d'un corset rouge sur un jupon couleur souci. Bois. H. 8 p. l. 6.

619 Deux autres, représentant deux jeunes femmes assises devant une table, dont l'une lit & l'autre arrange un bouquet de fleurs. Bois. H. 8 p. l. 6.

M. THÉOLON.

620 Deux Tableaux en pendant, où le sentiment est bien exprimé, & dont le coloris est beau. L'un représente une Nymphe jouant de deux chalumeaux, & assise au pied d'un arbre, sur les genoux de son Amant qui la couronne. Le second un Berger assis près d'un arbre, & jouant de la flûte; sa Bergere assise à côté de lui, a près d'elle un tambour de basque. Bois. H. 8 p. & demi, l. 7 p. & demi.

621 Le Portrait de la Mere de l'Artiste, ayant ses cheveux blancs retenus par un ruban bleu, & les épaules couvertes d'un manteau noir. Ce tableau peint avec vigueur sur bois, porte 9 p. l. 7.

622 Deux Intérieurs de Chambre de Paysan. Dans l'une, une femme donne à manger à son enfant, & dans l'autre une femme fait bouillir la marmite sur le feu. Des légumes & divers ustensiles de ménage, ornent

ce tableau. Bois. H. 8 p. & demi, l. 6 p. & demi.

623 Un joli Paysage avec des Ruines d'édifices, & la Vue d'une rivière; des femmes étendent du linge qu'elles viennent de laver. Toile. H. 10 p. l. 14 p. & demi.

SARRASIN.

624 Deux Tableaux en pendant. L'un offre la Vue d'une Campagne dans un tems d'orage; on y voit une chaumière appuyée contre une tour ruinée, & sur le devant un Berger qui ramene son troupeau: l'autre, dont l'effet est celui d'une fraîche matinée, représente dans un beau fond de Paysage, un Pont de pierre, sur lequel un jeune garçon fait passer deux vaches. Ces deux tableaux, d'une couleur transparente & composés avec goût, viennent de la Collection de M. Blondel de Gagny. Bois. H. 5 p. & demi, l. 8 p. & demi.

625 Deux Paysages avec des Vues de la Mer, l'une au Soleil couchant, l'autre au clair de la Lune. Bois. H. 7 p. & demi, l. 11 p. & demi.

NORBLIN.

625 *bis*. Un Choc de Cavalerie, très-chaudement rendu. Toile. H. 5 p. & demi, l. 9 p. & demi.

ROÉSER.

626 Un Paysage très-vaporeux, & dont

l'effet eſt bien rendu ; à la droite, eſt un grand Lac, & à la gauche ſont des arbres au bas deſquels une Bergere qui garde ſon troupeau, parle à un Pêcheur. Toile. H. 15 p. l. 15.

CHATELET.

627 Deux différentes Vues des montagnes de la Suiſſe. Dans l'une, eſt un pont au bas des montagnes, où pluſieurs perſonnes conduiſent des animaux ; dans le ſecond, d'autres perſonnes examinent l'effet d'une chûte d'eau qui tombe des montagnes. Ces deux Tableaux faits d'après nature, ſont d'une couleur agréable, & d'une bonne touche. Toile. H. 18 p. l. 22.

ECHARD.

628 Une Vue de la Mer, au bord de laquelle ſont des Pêcheurs qui arrangent le poiſſon qu'ils ont pris. Bois. H. 6 p. l. 8.

629 La Vue d'une Cabane de Pêcheurs ſur le bord de la Mer ; des hommes & femmes s'occupent à ſéparer les différentes eſpeces de Poiſſon. Bois. H. 6 p. l. 7 p. & demi.

CAMUS.

630 La Vue d'une Campagne étendue ; à la gauche, ſont des rochers couverts d'arbres ; ſur l'un on voit les reſtes d'une ancienne tour ; de l'autre côté, on apper-

çoit deux Voyageurs assis sur le bord d'un chemin. Ce Tableau, qui a du mérite, a été peint d'après nature. Toile. H. 27 p. l. 34.

631 Un Paysage, où l'on voit une fontaine près de laquelle un Vieillard s'entretient avec une jeune femme; un cheval blanc, couvert d'un bâts, mange de l'avoine dans un panier. Bois. H. 9 p. l. 10.

632 L'Intérieur d'une chambre dans laquelle trois Vieillards sont assis près d'une table; l'un d'eux, vu par le dos, tient un verre de vin: sur le second plan, un garçon & une Servante apportent chacun un plat. Bois. H. 7 p. l. 4 & demi.

De Marnes.

633 Une Vue d'après nature, prise dans le bois de Boulogne: un Pâtre couché près d'une mare d'eau, garde un troupeau de bœufs. Ce Tableau dont l'effet est bien senti, est peint sur toile. H. 22 p. l. 27.

634 Un Tableau, de forme ronde, sur toile, représentant un Combat de Cavalerie; il est peint avec beaucoup de feu, & porte 14 p. de diamètre.

635 Deux Tableaux en pendant, de forme ovale, représentant des Combats de Cavalerie, peints avec chaleur & d'un bon effet, par Norblin, l'autre par de Marnes. Toile. H. 10 p. l. 12.

BUCOUR.

636 L'Intérieur d'une Chambre de Payſan, dans laquelle douze perſonnes, hommes & femmes, ſont autour d'une table, les uns occupés à boire, les autres à chanter ; une porte ouverte donne la vue de la campagne. Bois. H. 6 p. l. 5 p. & demi.

TABLEAUX

DE DIFFÉRENTES ECOLES.

637 Un très-ancien Tableau repréſentant des Bâtimens & une Baſſe-cour remplie de volaille ; Abraham, qu'on voit ſur le ſeuil de ſa porte, renvoie Agar & Iſmaël. Le fond forme un Payſage. Bois. H. 31 p. l. 20.

638 Un ancien Tableau, repréſentant deux figures groteſques, l'une d'une homme pinçant de la guitarre, l'autre d'une femme jouant du violon. Bois. H. 10 p. l. 7.

639 Une belle Copie d'une Sainte Famille, d'après Raphaël. Cuivre. H. 8 p. l. 6.

640 La Vierge vêtue d'un corſet rouge, & tenant l'Enfant Jéſus: ce Tableau, attribué à Sébaſtien del Piombo, eſt peint ſur cuivre. H. 18 p. l. 14.

641 Une Etude en griſaille par Sébaſtien Bourdon, d'après les Friſes de Jules Ro-

main peintes à fresque. Toile. H. 18 p. l. 21.

642 Deux Tableaux ovales sur cuivre, représentant les Têtes de Jésus & de la Vierge, dans la manière d'André Solario. H. 18 p. l. 13.

643 Jupiter visitant Sémélé dans l'appareil de sa gloire; belle copie d'après le Titien. Toile. H. 45 p. l. 64.

644 Une belle Copie de la Baigneuse, d'après le même. Toile. H. 36, l. 28.

645 Deux Têtes de Peintres; l'une est celle du Vasari; l'autre inconnue est par le Titien. Toile. H. 13, l. 10.

646 Le Buste d'une belle Femme vue presque de face, coeffée en cheveux, & ajustée suivant le costume du tems, par un Disciple du Titien, & dans son Ecole. Toile. H. 22 p. l. 16.

647 Une Copie de l'Adoration des Rois, d'après Paul Véronese. Toile. H. 24, l. 16.

648 Des Amours versant des raisins dans un cuvier. Bois. H. 14 p. l. 18.

649 Jésus-Christ célébrant la Pâque avec ses Disciples: ce Tableau, fait dans l'Ecole du Tintoret, est sur bois. H. 18, l. 24.

650 La Madeleine pénitente, Tableau d'un bon coloris, par un Peintre ancien qui avoit du mérite. Bois. H. 22, l. 20.

651 Un autre Tableau représentant une

Madeleine dans le genie du Guide. Toile. H. 22 p. l. 27.

652 Un Tableau dans la maniere des grands Maîtres, représentant une Vierge Martyre étendue presque nue sur un chevalet; ce Tableau est d'une grande correction de dessin. Toile. H. 36, l. 48.

653 La Vierge représentée à mi-corps, tenant l'Enfant Jésus dans ses bras. Cuivre. H. 9 p. & demi, l. 7.

654 La Descente du Saint-Esprit sur les Apôtres assemblés dans le Cénacle, par un bon Peintre Italien. Toile. H. 19, l. 12.

655 Un Tableau sur bois, d'une belle composition, représentant Vénus & Adonis dans un fond de paysage; il tient à la manière du Corrége. H. 24 p. l. 17.

656 Un Bal Vénitien; on y remarque beaucoup de finesse dans les Têtes de femme. Toile. H. 26 p. l. 33.

657 Une Bohémienne qui dit la bonne aventure à une femme, par le Manfridi. Toile. H. 36 p. l. 48.

658 Un Paysage, dans lequel coule une rivière à travers des montagnes; dans le genre du Bolognese. Cuivre. H. 5 p. & demi, l. 8 p. & demi.

659 Un Tableau par un Peintre Italien, représentant Pan & Syrinck. Toile. H. 18, l. 14.

660 Le Buste d'une jeune fille coeffée en

cheveux, où sont placés deux rangs de perle ; ce Tableau original est de l'Ecole de Pierre de Cortonne. Toile. H. 10 p. & demi, l. 8 p. & demi.

661 Une Etude terminée de deux Têtes de femmes agréablement peintes par Batoni. Toile. H. 6 p. & demi, l. 8 p.

662 Deux Vues des Alpes dans un tems de neige ; on y voit des Chûtes d'eau : ces deux Tableaux sont peints d'après nature par Fosqui.

663 Deux belles Copies d'après les Tableaux de la Galerie du Luxembourg peints par Rubens, dont l'une représente l'Accouchement de la Reine. Toile. H. 72, l. 48.

664 Un Tableau peint dans la même Ecole, représentant Renaud entre les bras d'Armide qui est environnée de plusieurs Amours qui lui présentent des ornemens pour sa parure. Il est dans une bordure par Maurisent. Toile. H. 48 p. l. 60.

665 L'Esquisse d'une Susanne au bain, original de l'Ecole de Rubens. Bois. H. 23 p. l. 18.

666 S. Joseph travaillant du métier de Charpentier ; l'Enfant Jésus & un Ange l'aident à l'ouvrage ; la Vierge est occupée à laver du linge dans une fontaine. Ce Tableau, peint en grisaille par Quelinus, a été gravé par A. Bloemaert. Toile. H. 12 p. l. 15.

667 La Vierge tenant l'Enfant Jésus que des Anges adorent ; elle a à côté d'elle Sainte Barbe & Sainte Catherine. Ce Tableau peint par Corneliz est sur bois. H. 27 p. l. 38.

668 Une belle copie faite par Vanibale, d'après van Dyck, du Tableau de la Vierge, connu & gravé sous le titre de la Vierge aux Anges. Bois. H. 28 p. l. 38.

669 Une Chûte d'eau à travers des rochers formant une cascade, par Mathieu Bril ; sur le devant sont des Bergers avec leurs troupeaux. Bois. H. 21 p. l. 25.

670 La Vue d'un Hermitage pratiqué sous des ruines d'édifices, dans lequel est un Solitaire en méditation : on découvre la mer au-delà. Cuivre, par le même. H. 9 p. l. 12.

671 Deux jolis Tableaux en pendant ; l'un représente un canal glacé sur lequel sont des gens qui patinent ; l'autre un Paysage frais arrosé d'un canal ; on y voit un chemin où passe une femme dans une charette attelée d'un cheval blanc, & accompagnée de deux paysans : ces deux morceaux par Breughel sont peints sur bois. H. 5 p. & demi, l. 7 p. & demi.

672 Un Embrasement par Breughel d'Enfer. Bois. H. 14 p. l. 18.

673 Un Paysage dans le genre de Paul Bril, où est placé un S. Jérôme très-bien peint ayant

ayant sa main appuyée sur un lion, Bois. H. 6 p. l. 4 p. & demi.

674 L'Adoration des Rois, par François Franck. Sur cuivre. H. 13 p. l. 10.

675 L'Intérieur de la Cour d'une maison de Paysan, où l'on voit quinze personnes parmi lesquelles trois jouent à la boule; à la gauche une femme tire de l'eau d'un puits. Ce Tableau, dans le genre de Teniers, est peint sur toile. H. 21 p. l. 31.

676 Une bonne copie d'après David Teniers, représentant des Hommes qui comptent leur argent en fumant. Toile. H. 16 p. l. 21.

677 Une Vue d'Amérique par Monper; on y voit un Colon sur un cheval blanc, accompagné de Negres & Négresses. Toile. H. 19 p. l. 31.

678 Un Paysage orné de ruines, où l'on voit les Pélerins d'Emaüs; Tableau peint sur cuivre dans la maniere de Bréenberg. H. 9 p. l. 12.

679 Un Tableau dans le genre du même Maître, représentant des rochers où sont des arbres; sur le devant est un terrein creux où un Berger conduit un troupeau. Bois. H. 7 p. l. 8 p. & demi.

680 Un Tableau par le Hont, représentant un Choc de Cavalerie dans une plaine. Bois. H. 14 p. l. 21.

681 Médor gravant sur un arbre le nom d'Angélique assise sur lui; près d'eux l'A-

mour tient son flambeau: au-delà est une grande ville séparée de la campagne par une rivière. Ce Tableau original d'un bon Maître Flamand est peint sur cuivre. H. 13 p. & demi, l. 10.

682 Venus & Adonis dans un fond de paysage, par vander Kabel. Cuivre, de forme ronde. 7 p. & demi de diametre.

683 Une Vue de la mer chargée de vaisseaux, par Zéeman. Toile. H. 18 p. l. 24.

684 Un Paysage avec figures & animaux, peint sur bois par Collaert. H. 21 p. l. 16.

685 Un Paysage dans le genre de Ruisdael, à la gauche duquel passe une rivière. Toile. H. 24, l. 30.

686 Une Esquisse peinte à huile en grisaille par Palamede: elle est sur papier, & montée sous verre.

687 Un Ecuyer conduisant deux chevaux: près de lui sont des ruines d'édifices: par van Bloom. Toile. H. 18 p. l. 24.

688 Un Bouquet de différentes fleurs attachées ensemble avec un ruban bleu: par Verendael. Toile. H. 21 p. l. 16.

689 Une Table couverte d'un tapis où sont posés des vases précieux: ce Tableau, peint par un bon Maître Hollandois, est fait avec art. Toile. H. 32 p. l. 25.

690 Deux Paysages & Vues de rivière, l'un au lever, l'autre au coucher du Soleil, par Chutz. Toile. H. 14, l. 20.

691 Un Paysage avec la Vue d'une chau-

mière, par van Goyen. Bois. H. 16 p. l. 18.

692 La Vue d'un Parc entouré de murs, & dont les arbres s'élevent fort haut: sur le devant est une belle fontaine au bord d'un chemin: un cavalier s'y arrête pour faire boire son cheval: sur un plan éloigné, des Paysans conduisent un troupeau de moutons. Ce Tableau, peint par Moucheron, est d'une bonne couleur, & les figures en sont dans le genre de Berghem. Toile. H. 27, l. 22.

693 Un Paysage peint sur bois par Decker. H. 13 p. l. 23.

694 Deux Vaches & trois Chevres dans un fond de paysage. Cuivre, genre de P. Potter. H. 9 p. l. 13.

695 Une superbe & ancienne copie d'après le Tableau de Berghem, dont l'original étoit dans le Cabinet de M. le Duc de Choiseul: elle est faite par un de ses meilleurs Disciples, de maniere à faire illusion. Bois. H. 16 p. l. 21.

696 Un joli Paysage avec des ruines d'édifices, & enrichi de figures par Holsbort. Bois. H. 10 p. l. 8.

697 Un Repas de Villageois dans l'Intérieur d'une Chambre, par J. B. Carré. Bois. H. 10 p. l. 13.

698 Une Femme lavant ses jambes dans l'eau d'une fontaine près de la statue du Dieu Pan, entourée de débris de vases

& de bas-reliefs ; ce Tableau, d'un très-bel effet, est par un Peintre Flamand. Toile. H. 18, l. 25.

699 Un Paysage très-agréable orné d'arbres & de beaux lointains, par Kiérings ; on y voit huit figures peintes par van Mol, dont un Berger qui contemple des Nymphes endormies. Bois. H. 21 p. l. 31.

700 Un Tableau sur toile par un bon Peintre de l'Ecole Flamande, représentant une Villageoise qui lave ses jambes dans un ruisseau, & qui garde un troupeau de Vaches. Toile. H. 24 p. l. 21 p. & demi.

701 Un Combat de Cavalerie, peint par Manchoul ; on apperçoit une ville dans l'éloignement. Bois. H. 9 p. l. 13.

702 Une Vue de Hollande près du bord de la mer. Toile. H. 9 p. l. 12.

703 La Vue d'un Côteau baigné par l'eau de la Mer, qui est couverte de Navires, par Gréevenbrock. Bois. H. 15 p. l. 7.

704 Un Tableau, par Jean Miel, représentant une Cuisinière près d'une table, mettant un foie de veau dans un plat ; trois autres figures se voyent dans l'éloignement. Toile. H. 8 p. l. 10.

705 Un Château en Hollande, bâti en briques, vu du côté des Jardins, avec la campagne des Environs. Toile. H. 13 p. l. 23.

706 Une copie bien faite, d'après Philippe

Wouvermans, représentant une Halte de Cavaliers. Toile. H. 17, l. 16.

707 Un Paysage par Baudwins, avec des figures par Both. Bois. H. 7 p. l. 9.

708 L'Intérieur d'une Cuisine, où l'on voit des tables, de la poterie, & beaucoup de légumes, par Calf. Carton. H. 10 p. l. 9.

709 La Vue d'une Métairie située près d'un pont, & au bas d'une montagne sur laquelle est un Château; elle est entourée de grands arbres; sur le devant de ce Tableau peint dans le genre de vander Heyden, sont des hommes & des animaux. Bois. H. 6 p. & demi, l. 9.

710 Deux Paysages & Vues de Rivière, par un Peintre Hollandois. Bois. H. 17 po. l. 24.

711 Un Tableau très-bien peint, dans le genre de Pierre Néefs, représentant le Temple de Jérusalem d'où Notre-Seigneur chasse les Vendeurs. Bois. H. 19 p. l. 30.

712 Un Tableau peint avec une grande vérité, par un Artiste Flamand qui y a mis son nom. Il représente une table sur laquelle est un morceau de fromage qu'une souris mange; plus loin est un grand pot de terre vernissée. Bois. H. 11 p. l. 8 & demi.

713 Un Tableau qui paroît être peint par Callot; il représente une campagne où sont diverses personnes parmi lesquelles on distingue une Dame vêtue d'un corset bleu,

parlant à un Officier; plusieurs Mendians dont un Vieillard jouant de la vielle, sont autour d'eux. Toile. H. 18 p. l. 24.

714 Le Portrait d'un jeune homme vu à mi-corps, ayant une dentelle autour du col. Ce morceau est d'un grand fini, & a été gravé par Nanteuil. Il est sur cuivre, de forme ovale. H. 7 p. l. 6.

715 Une Fuite en Égypte, dans un joli fond de Paysage, dans le genre de la Hire. Toile. H. 20 p. l. 32.

716 Une bonne copie de la Famille de Darius, d'après le Brun. Toile. H. 24 po. l. 18.

717 Un Tableau, d'une belle touche, représentant Agar & Ismaël dans le désert, par Mademoiselle Boulogne. Toile. H. 30 p. l. 24.

718 Le Buste d'une jeune femme vêtue de bleu, ayant le sein découvert, & la tête couronnée de fleurs, agréablement peint par Vignon; de forme ovale. Toile. H. 25 p. l. 19.

719 Porcie tenant un charbon ardent entre ses doigts, pour preuve de sa virginité, par Vignon. Toile. H. 28, l. 23.

720 Moyse sauvé des eaux; composition de huit figures bien colorée, par Marot. Toile. H. 24 p. l. 20.

721 Deux Tableaux en pendant des premiers tems de Watteau; l'une représente une jeune fille lavant ses jambes dans une

fontaine; l'autre de jeunes personnes assises à l'entrée d'un bois. Toile. H. 12 p. l. 14.

722 Deux très-petits Tableaux, de forme ovale, par Patel; l'un représente les ruines d'un ancien Palais; l'autre un Fort bâti sur le bord de la mer; ils sont ornés de figures. Bois. H. 2 p. 3 lignes, l. 2 p. 9 lig.

723 Un très-bon Tableau original dans le genre du Nain, représentant une vieille femme tenant un chapelet dans ses mains; elle est accompagnée de deux enfans. Toile. H. 38 p. l. 27.

724 Un joli Paysage touché avec goût par Oudry; on y voit une rivière & deux figures. Bois. H. 4 p. & demi, l. 6 p.

725 L'Esquisse par François le Moine, de la grossesse de Calisto. Une partie des figures sont avancées, & l'autre n'est que dessinée. Toile. H. 26 p. l. 33 po. & demi.

726 Deux Paysages ornés de figures & de fabriques, avec des Vues de rivière, par Allegrin. Toile. 14 p. l. 21.

727 Un Paysage largement peint par Chavanne. Toile. H. 10 p. l. 16.

728 Une grisaille par François Boucher, dans le genre d'Oudry, représentant un chien qui poursuit des oies. Toile. H. 8 p. l. 13.

729 Un Sujet pastoral, d'après Boucher;

copié avec intelligence, par Métay. Toile. H. 32 p. l. 42.

730 Une Vierge, d'un ton de couleur agréable; l'Enfant Jésus est endormi sur ses genoux. Ce Tableau peint par un habile Eleve de Carle Vanloo, est entièrement dans son genre. Toile. H. 30 p. l. 24.

731 Une belle copie, d'après Corneille Polembourg, par le Clerc; on y voit des femmes & des ruines d'édifices. Bois. H. 8 p. l. 10.

732 L'Esquisse terminée d'une Nativité par Briard. Toile. H. 16 p. l. 13.

733 Une charmante copie par le même de la Famille Russe, d'après M. le Prince. Toile. H. 27 p. l. 22.

734 Une copie bien faite, d'après M. Casanove, représentant un Berger qui conduit des brebis & un âne. Toile. H. 11 p. l. 14.

735 Deux Paysages en pendant: l'un, de l'Ecole Flamande, représente un Hiver; l'autre, par Francisque, est orné de fabriques & de figures. Bois. H. 5 p. & demi, l. 8 p.

736 Deux Paysages par un Artiste moderne. Dans l'un, un Berger conduit son troupeau; dans l'autre, la figure principale est un homme qui pêche dans un étang. Bois. H. 12 p. & demi.

737 Un Paysage arrosé par une rivière; on

y voit un homme qui joue avec ſon chien. Toile. H. 24 p. l. 20.

738 Deux Payſages peints ſur bois par un Peintre moderne: ils ſont enrichis de fabriques, hommes & animaux. H. 8 p. l. 12.

739 Un autre Payſage, dans lequel on voit une Ferme de l'autre côté d'une rivière, & pluſieurs figures ſur le devant. Bois. H. 7 p. & demi, l. 10.

740 La Vue de deux différens Ports de Mer, où l'on voit des bateaux & beaucoup de figures touchées avec beaucoup de fineſſe & d'un très-bel effet. Bois. H. 4 p. l. 8.

741 Un Payſage où l'on remarque dans le milieu d'une forêt un chemin où ſont pluſieurs voyageurs. Toile. H. 9 p. l. 13.

742 Un Payſage à la gauche duquel ſont des fabriques; il eſt coupé par une rivière près laquelle ſont deux hommes, dont un pêche à la ligne. H. 6 p. l. 7.

743 Une Marine peinte ſur bois par un Peintre Flamand, H. 18 p. l. 23.

743 *bis*. Une Vue de la mer couverte de vaiſſeaux, & éclairée par la Lune. Bois. H. 18 p. & demi, l. 23 & demi.

744 La Tête d'un jeune homme coeffé d'un bonnet rouge. Toile. H. 17 p. l. 13.

745 Un Payſage d'un beau faire; on y voit un S. Jérôme dans le déſert, peint très-correctement. Toile. H. 27 p. l. 33.

746 Un Payſage ſur bois, avec des eaux ; des fabriques & des figures. H. 23 p. l. 19.

747 Pluſieurs autres Tableaux de différents Maîtres, qui ſeront détaillés dans le courant de la Vente.

MINIATURES.

748 Deux jolis morceaux de forme ronde ; précieuſement peints à l'huile : l'un repréſente S. Jérôme, & l'autre S. Grégoire. Ils ſont ſur bois, & portent 18 lignes de diametre.

749 Une ancienne Miniature, repréſentant l'Adoration des Bergers, dans ſa bordure de cuivre dorée.

750 Une ancienne Miniature, repréſentant l'Enfant Jéſus, la Vierge & S. Jean. Velin, dans ſa bordure de cuivre dorée.

751 Une Miniature pointillée & légèrement colorée, par Portail, repréſentant ſix perſonnes, hommes & femmes, réunies dans un ſallon, & formant un concert. Ce morceau, précieuſement terminé, eſt ſous verre.

752 Jupiter & Léda, jolie Miniature ſur vélin, dans le genre de Clinchetel.

753 Deux morceaux, d'une touche ſpirituelle, peints ſur vélin par Blaremberg ;

& repréſentant la Vue de deux Ports de mer ornés de quantité de petites figures.

754 Une Miniature, d'après François Boucher, repréſentant deux Femmes aſſiſes, dont l'une préſente une colombe à l'autre.

755 Une Miniature ſur ivoire, de forme ronde, d'une grande beauté, par Taſſart, repréſentant Léda & Jupiter ſous la forme d'un Cygne.

756 Un joli Morceau, d'une étendue conſidérable, & de forme ronde, repréſentant un Berger aſſis ſous un ceriſier, qui en préſente des ceriſes à ſa Bergere : ce morceau, très-précieuſement fini par M. Charlier, vient de la Vente de M. le Comte de Caylus.

757 Un Sujet de Paſtorale où l'on voit deux Enfans avec leurs troupeaux dans un fond de payſage, par M. Charlier. Il eſt dans ſa bordure de bronze doré.

EMAUX.

758 Deux jolis Buſtes de femme peints en émail, par M. Courtois. Ils ſont d'une grande fraîcheur de couleur, & portent chacun 23 lignes de haut, ſur 18 de large.

759 Deux Fragmens de coupe émaillés, du tems & d'après les Deſſins de Jules Romain.

760 Quatre autres morceaux d'arabesques anciens, émaillés.

PASTELS MONTÉS.

761 Un Vieillard vu à mi-corps, ajusté d'une robe brune, & coeffé d'un grand bonnet dans l'ancien costume russe, par Viger.

762 Un Rémouleur, & pour pendant une Joueuse de Vielle, par Chantereau.

763 Une belle Etude en pastel d'une Femme en déshabillé du matin, d'après Madame Greuze, par M. Greuze.

764 Un joli Pastel par M. Hall, représentant une jeune fille coeffée avec des linges blancs en façon de turban.

PEINTURES A GOUACHE ET AQUARELLE, MONTÉES SOUS VERRE.

765 Deux différentes Vues d'Italie ornées de Ruines d'anciens Edifices, & de jolies figures peintes précieusement à gouache, sur vélin, par Bartholomé Bréemberg: elles sont collées sur des lames de cuivre.

766 La Chûte de Phaéton; joli morceau peint à gouache, sur vélin, par Mademoiselle Chéron, & d'une riche composition, de forme ronde.

767 Deux Payſages peints ſur vélin, dans l'un deſquels eſt un pont, & dans l'autre une campagne avec des fabriques & figures, par Patel.

768 La Vue d'un ſuperbe jardin décoré de ſtatues & de vaſes, & embelli par des fontaines & jets d'eau, par Marot.

769 Un Payſage touché avec beaucoup de ſoin & très fini; à la gauche, ſont une chûte d'eau & des rochers au bas deſquels eſt un Saint Jérôme, par un ancien Peintre.

770 La Vue de la grande allée des Tuileries, d'où l'on découvre la ſtatue & une partie de la Place de Louis XV. Ce morceau peint par M. Machy, eſt enrichi de pluſieurs figures touchées avec eſprit. Il eſt de forme ronde.

771 Deux Gouaches ſur vélin collé ſur bois, repréſentant des hivers; on y voit les maiſons couvertes de neige & des gens qui patinent ſur la glace, par Blaremberg.

772 L'Intérieur d'une Chambre où l'on voit une femme qui ſort du bain; morceau d'après Baudouin peint à gouache par M. Hall ſur le ſimple trait d'une eau-forte légere, & terminé avec un grand ſoin.

773 Deux jolies Gouaches en pendant, dans le genre d'Oſtade par M. Chalon, Directeur de l'Académie de Peinture à Reims; l'une repréſente la Boutique d'un Epicier qui peſe des drogues qu'une femme lui a

demandées ; plusieurs enfans qui y sont jouent ensemble : l'autre une chambre où est une femme avec trois enfans. Ces deux morceaux d'un grand mérite, ont été gravés.

774 Un charmant Bosquet rempli d'arbres touffus, au milieu duquel est un chemin ; un homme bien vêtu s'y jette aux pieds d'une Dame qui s'y promene ; sur le devant est un ruisseau ; le Paysage est d'un Artiste distingué, & les figures sont de M. Huet.

775 La Cérémonie du Baptême d'une Cloche, faite à Rome, peinte à gouache d'après nature, par Barbier ; les figures en sont ressemblantes.

776 Pigmalion surpris de voir sa statue s'animer ; derrière elle, est un grand voile bleu orné d'une guirlande de roses ; l'Amour s'éleve dans un nuage, tenant son flambeau d'une main, & de l'autre une fleche ; par le même.

777 Les Ruines d'un ancien Temple à Rome, peintes sur les lieux par M. Lagrenée le jeune, & ornées de figures. Ce morceau est de forme ovale.

778 Une Etude largement peinte, par le même, représentant un grand arbre & la Vue d'un rocher sur lequel est une chevre sauvage.

779 Une Vue du Bazar d'Athènes, construit derrière le grand Amphithéâtre dont on voit les Ruines.

780 La Vue d'une grande Ville, où conduit un Pont; sur le devant sont plusieurs figures parmi lesquelles est un homme vêtu de rouge, monté sur un cheval blanc.

781 Deux jolis Paysages, dont les Vues paroissent prises d'après nature, & dans lesquels on voit des rivières que des hommes & femmes, dont les figures sont d'un dessin correct, traversent avec des troupeaux. Ces deux gouaches sont peintes par l'Allemand.

782 La Vue d'un Pont construit par les Romains dans les montagnes de la Suisse, sur lequel est une ancienne statue: on voit sur le devant plusieurs bœufs, dont un est dans l'eau; un Berger qui les garde & un Pêcheur sont sur le même plan; des lointains de montagnes terminent l'horison de cette belle gouache, peinte par Wacher, & qui a été gravée.

783 Un joli Paysage, représentant un chemin entre deux côteaux, sur lequel sont des animaux avec leurs conducteurs; par M. Pérignon.

784 Une Gouache bien colorée par M. Moreau, représentant une ancienne tour quarée au bas de laquelle sont quatre personnes: le fond est un Paysage avec un beau ciel.

785 Un Paysage de forme ovale, avec de belles Ruines d'architecture légerement

aquarellé par M. Boucher fils; il eſt dans une bordure quarrée.

786 Une Bacchante recevant le jus des raiſins qu'un Satyre exprime dans une coupe qu'elle tient dans ſa main droite; une autre reçoit les careſſes d'un Satyre près la ſtatue de Priape. Ce morceau rehauſſé de paſtel, eſt par M. Calais.

787 Deux Deſſins capitaux aquarellés par France de Liége: l'un repréſente l'intérieur d'une forge où ſont cinq hommes & une femme tenant ſur ſes bras un enfant: l'autre eſt un intérieur de chambre de Payſans, dont trois cauſent enſemble; un Moine eſt près d'eux; un autre eſt à côté d'une femme qui travaille & qui cauſe avec un homme aſſis près d'une table au bout de laquelle eſt un Fumeur qui allume ſa pipe.

788 Des Nymphes ſe baignans dans un fleuve, & ſurpriſes par un jeune Faune, par M. Carême.

789 Deux Payſages, d'une touche ſpirituelle & bien coloriés, par M. Tonnay: dans l'un ſont pluſieurs Cavaliers arrêtés près d'une chaumière pour faire râfraîchir leurs chevaux; dans l'autre, trois jeunes femmes montées ſur des ânes, ſont conduites par un Payſan.

790 Deux Payſages, l'un de forme ovale, dans une bordure quarrée, par M. Sarrazin; l'autre par M. Roëzer.

791 Deux Paysages bien touchés, & faits pour aller en pendans, par M. Roëzer. L'un est la Vue d'une Campagne arrosée d'une rivière, sur le bord de laquelle sont deux personnes : à la droite est une masse d'arbres, de rochers, & une chûte d'eau : il est fait au Soleil levant. L'autre peint dans l'effet d'un Soleil couchant, est aussi orné de deux figures.

792 Deux différens Ports de Mer, peints avec soin par le même.

793 Deux autres jolis Paysages en pendants par le même. Dans l'un, un Berger conduit un bœuf & des moutons à une fontaine qui coule d'un rocher. Dans l'autre, un Pâtre garde deux bœufs & deux chevres.

794 Une Gouache, par le même, où l'on voit un torrent & un pont de bois.

795 Une autre, par le même, représentant la Vue d'une riviere, & sur le second plan l'entrée d'une forêt.

796 Une autre, par le même, représentant des chaumières entourées d'arbres & de rochers, & situées sur le bord d'un lac où l'on voit des bateaux.

797 Une autre, par le même, sur le devant de laquelle est un homme couvert d'un manteau rouge & portant un bâton sur son épaule.

798 Deux autres en pendant, par le même, ornées de figures. L'une représente la

campagne au Soleil levant, & l'autre l'effet d'un clair de Lune.

799 Deux autres, en pendans, par le même. Dans l'une, est un Hameau près d'un Lac: un homme en descend, tenant un enfant par la main. L'autre représente deux Pêcheurs sur le bord de la Mer.

800 Une Vue de Rivière, par le même: on y voit une femme & un homme qui pêchent.

801 Un joli Paysage par Moret: à la droite sont des arbres auxquels est attachée une toile en forme de tente, sous laquelle est une compagnie d'hommes & de femmes: une rivière se voit dans l'éloignement.

802 Deux autres Paysages, par le même, où sont des Vues de Rivières & d'un Pont de bois.

803 Trois autres petits Paysages, par le même.

804 Deux différentes Vues de Jardin, ornées de statues, vases & cascades: on y remarque plusieurs figures touchées avec esprit, par un Artiste de mérite.

805 Deux Tableaux de Fleurs, peints à gouache.

DESSINS.

DESSINS ENCADRÉS.

806 Un très-ancien Deſſin lavé à l'encre de la Chine, repréſentant la Cour d'un Duc de Bretagne à qui un Auteur préſente ſon ouvrage; les Portraits paroiſſent d'une reſſemblance frappante.

807 Un ancien Payſage, deſſiné à la plume avec beaucoup de ſoin dans le genre du Gaſpre.

808 Les Couches de Sainte Anne, Deſſin ancien au biſtre ſur papier blanc par un Peintre de l'Ecole Vénitienne.

809 Un Payſage à la plume lavé d'encre de la Chine, par Paul Bril.

810 L'Adoration des Bergers, très-beau Deſſin à la plume lavé au biſtre, par J. B. Gauli, dit le Bachique.

811 Une vieille Femme aſſiſe, vue preſque de face, deſſinée à la pierre noire ſur papier bleu légerement rehauſſé de blanc par Corneille Béga.

812 Deux Deſſins, à la pierre noire, ſur papier blanc, faits d'après des bas-reliefs antiques par Euſtache le Sueur.

813 Jupiter avec les Divinités de l'Olympe, beau Deſſin à la pierre noire ſur papier blanc, par Charles de la Foſſe. Il vient

de la Collection de Monseigneur le Prince de Conti.

814 Deux Dessins à la plume : l'un par la Fage, représente Saint Jérôme mourant soutenu par un Ange : l'autre par la Rue, est le Crucifiement de Saint Pierre.

815 Un Paysage d'une grande composition & bien terminé, dans lequel on apperçoit les vestiges d'anciens édifices : il est dessiné à la mine de plomb par Moucheron.

816 La Vue d'un beau monument d'architecture enrichie de figures hardiment touchées dans le genre de Panini.

817 Deux belles Etudes de Têtes, par Carle Vanloo ; elles sont largement touchées à la pierre noire, mêlée de sanguine estompée, sur papier blanc.

818 Une académie de femme, Etude pour une Nayade, sur papier bleu à la pierre noire, par François Boucher.

819 La Renommée, Etude à la pierre noire rehaussée de blanc, par le même.

820 Une jeune femme, portant un enfant, & couverte d'un large manteau : près d'elle est un autre enfant. Ce Dessin qui a été gravé, est à la pierre d'Italie, par le même.

821 Un Enfant jouant avec un oiseau : à la pierre noire & à l'estompe, par le même.

822 Deux Bustes de femmes vues à mi-corps & drappées, d'un crayon léger, à la pierre noire rehaussée de blanc, & de quelques teintes de pastel, par le même.

823 Un Groupe de quatre femmes nues qui culbutent les unes sur les autres, spirituellement touché à la pierre noire, sur papier bleu, par le même.

824 Un Buste de jeune femme, Etude à la pierre noire rehaussée de blanc, par le même.

825 Une Tête de jeune fille, vue de profil, très belle étude à la pierre noire mêlée de pastel, par le même.

826 Une autre Etude de Femme, au crayon noir sur papier bleu, par le même.

827 Alexandre s'arrêtant pour parler à Diogene qui est dans son tonneau, belle composition à la pierre noire sur papier bleu, par le même.

828 La Vue d'un Moulin environné d'arbres, Dessin à la sanguine & à la pierre noire, par le même, dont les figures sont rehaussées de pastel.

829 Deux cartouches, à la plume avec des sujets de femme de la touche la plus spirituelle, par le même.

830 Deux différentes compositions pour le tombeau de la Reine. Ces deux beaux Dessins, par M. Cochin, sont à la sanguine, sur papier blanc.

830 *bis*. Un Dessin fait pour l'Histoire des Voyages par l'Abbé Prevost, à la pierre noire lavée d'encre de la Chine, par le même.

831 Deux Dessins, faits en Italie par An-

toine Challes, à la pierre noire ſur papier bleu à l'eſtompe rehauſſé de blanc : dans l'un eſt le Temple de la Sybile à Tivoli, & dans l'autre celui du Soleil.

832 Une contr'épreuve à la ſanguine, d'une Tête de jeune fille, par J. B. Greuze.

833 Une Tête de vieille Femme, belle étude à la ſanguine ſur papier blanc, par le même.

834 Une Etude par M. Fragonard, repréſentant des têtes de femmes de fantaiſie ; à la ſanguine.

835 Deux Etudes par le même, à la ſanguine ſur papier blanc : l'une repréſente une femme endormie ſur un ſopha : l'autre une jeune fille appuyée ſur une table.

836 Deux Deſſins par le même : l'un, à la ſanguine, repréſente une tête de Veillard entourée de ſix Chérubins : l'autre au biſtre, eſt la Vue d'une maiſon de Plaiſance en Italie.

837 Renaud endormi & tranſporté dans les jardins enchantés d'Armide, dont on voit le palais dans l'éloignement : des Amours, Nayades & Nymphes ſont différemment groupés dans ce beau Deſſin qui eſt à la plume ſur papier par Louis de la Rue.

838 Deux Deſſins à la plume lavés de biſtre, par M. Lagrénée le jeune : l'un eſt un Sacrifice à l'Amour : dans l'autre, des femmes déſarment l'Amour endormi.

839 Un Deſſin au biſtre, par Saint Quen-

tin, composé de six figures; Vénus y est représentée accompagnée des trois Grâces: l'Amour lui présente la pomme: Mercure est à ses côtés.

840 Deux croquis à la plume lavés de bistre par J. B. Huet: l'un représente une Pêche & des Marchands de poissons: l'autre une Chasse au Sanglier.

841 Le Combat d'un Samnite contre un Romain, Dessin touché à la plume avec beaucoup de feu par Fixon.

842 Un croquis à la pierre noire rehaussée de blanc, par H. Robert: il représente une partie du Temple de Jupiter, dont on voit la statue; on y voit aussi une fontaine où des Blanchisseuses lavent du linge.

843 Deux grands Dessins à la sanguine, sur papier blanc, par le même: l'un représente une maison construite sur des ruines d'édifices: l'autre, une très-grande voûte ancienne.

844 Un Dessin à la sanguine, par le même, représentant une Vue d'Italie.

845 Une autre Vue d'Italie, dessinée à la sanguine, par le même.

846 Un Dessin à la pierre noire rehaussée de blanc, sur papier bleu, par M. Brenet. Il représente Saint Paul mordu par un serpent dans l'Isle de Malte.

847 Une copie très-bien faite, d'après P. Loutherbourg, représentant une Bergere

qui passe une paille sur le visage d'un Berger endormi. Ce Dessin est à la plume lavée de bistre.

848 Un Dessin agréablement composé, & terminé avec le plus grand soin, par M. Aubry, au crayon noir estompé sur papier gris. Il représente une femme du peuple dans son ménage, assise sur une chaise de paille, près d'une table où sont des ustensiles & des légumes: elle a un petit enfant à côté d'elle, à qui un autre enfant qui a sa tête enveloppée dans une couverture, fait peur: un chien est aux pieds de la femme. Ce joli morceau a été gravé.

849 Deux Dessins considérables à l'encre de la Chine, par Barbier. Ils représentent l'un & l'autre des Vues de Rivière, avec des figures & des animaux.

850 Une femme endormie, ayant près d'elle des Amours: dessin à la pierre noire rehaussée de blanc & de pastel, par M. Calais.

851 Deux petits Paysages sur vélin, avec des figures d'hommes & d'animaux, précieusement dessinés par M. Fontaine à la mine de plomb.

852 Deux dessins à la plume lavés de bistre par J. B. Wille. L'un est un sujet pastoral: l'autre représente une femme qui demande l'aumône à deux personnes assises au pied d'un arbre.

853 Deux autres Deſſins, par le même, repréſentant l'un un homme, l'autre une femme, qui pêchent.

854 Deux Deſſins, Architecture & figures par Servandoni fils. Ils ſont lavés à la ſanguine, ſur papier blanc.

855 Un Clair de Lune, deſſiné au crayon blanc : on voit ſur le devant des barques & des Pêcheurs. Ce joli Deſſin eſt par M. Sarrazin.

856 Un autre Payſage au Clair de Lune, par le même, deſſiné au crayon blanc ſur papier bleu : on y voit un Berger gardant ſon troupeau ſur le bord d'une rivière.

857 Un très-beau Payſage avec Vue de rivière. Dans le milieu, on voit un homme qui frappe un cheval pour le faire entrer dans un bac. Ce Deſſin d'un grand effet, eſt lavé à l'encre de la Chine & rehauſſé de blanc ſur papier bleu, par M. Tonay.

858 Le Portrait de M. Soufflot, Architecte du Roi, Deſſin fait avec beaucoup de ſoin par M. Pujos.

859 Un Satyre & une Bacchante, deſſin lavé au biſtre ſur papier blanc, par M. Moitte.

860 Deux très-beaux deſſins, ſur papier blanc, repréſentant des Payſages vus à l'effet d'un clair de Lune, par Pillement.

861 Un deſſin d'une riche compoſition à la pierre noire ſur papier blanc, par le mê-

me, repréſentant un Payſage où l'on voit une grande étendue d'eau, & ſur le devant une Dame à cheval.

862 Deux autres Payſages agréables, par le même, deſſinés à la pierre noire ſur papier blanc.

863 Deux Deſſins à la plume & au biſtre, par M. Pâris: l'un repréſente des chaumières ſituées au bas d'une colline: ſur le devant eſt un homme aſſis, ſon chien près de lui: l'autre une maiſon de Payſan avec un puits, devant laquelle ſont un homme & deux femmes.

864 Un croquis à la ſanguine, ſur papier blanc, ſujet allégorique aux Arts.

865 Deux deſſins, Payſage & architecture, dont un de forme ovale, colorié.

DESSINS ET GOUACHES EN FEUILLES.

866 Un Deſſin de figures groteſques au biſtre, attribué à Léonard de Vinci, repréſentant en ridicule les charges des perſonnes de la Cour de François Premier. Il vient de la collection de Monſeigneur le Prince de Conti.

866 *bis.* Un Saint & une Sainte proſternés devant la Vierge qui eſt dans une gloire, tenant l'Enfant Jéſus, & couronné par deux Anges. Ce beau Deſſin par Annibal

Carache, eſt à la plume ſur papier blanc, & vient de la collection de M. Mariette.

867 Un deſſin à la plume, légerement lavé de biſtre, par le Tintoret : il repréſente Jéſus-Chriſt faiſant la Pâque avec ſes diſciples.

868 Deux Deſſins, l'un coloré par le Joſepin, repréſentant l'Enlévement de Déjanire, l'autre lavé au biſtre par Thaddée Zuccaro, venant de la collection de Monſeigneur le Prince de Conti.

869 Deux Vues d'Italie, à la plume & légerement coloriées, par Van Vitelli, de la collection de Monſeigneur le Prince de Conti.

870 Deux Deſſins au biſtre rehauſſé de blanc par un Maître Italien, repréſentant des ſujets de l'Hiſtoire de Saint Louis.

871 Quarante huit Portraits de Philoſophes deſſinés à la pierre noire, d'après les Médailles antiques & modernes, en trois feuilles, ſur carton.

872 Un ſujet de la Fable, compoſé de deux figures, deſſiné à la plume par Palmiéri.

873 La Sainte Famille, par Jacques Jordaens, Deſſin de mérite légérement colorié ſur papier blanc.

874 Deux Etudes de figures de femmes drappées, au crayon blanc, ſur papier bleu, par Corneille Béga.

875 Quatre Deſſins terminés à l'encre de la Chine, ſur la même feuille, repréſen-

tant différentes Vues de la Mer chargée de Vaisseaux & Chaloupes par Backuisen.

876 Deux Dessins de composition lavés au bistre, par Corneille de Wael.

877 Jupiter sous la figure de Minerve, terrassant les Vices, Dessin d'une grande finesse, à la sanguine sur papier blanc, par Gérard Lairesse.

878 Deux Dessins très-spirituellement faits à la plume, & lavés au bistre, sur papier bleu, par Lingelbac.

879 Deux jolis Paysages ornés de figures par Satckleven. Ils sont dessinés à la pierre noire sur papier blanc.

880 Douze Dessins précieusement faits à la plume, lavés à l'encre de la Chine, représentant des Paysages & Vues de Ville sur vélin par Vander Heiden: on les détaillera.

881 Deux morceaux peints à gouache, par Van Royen, représentant des Oiseaux étrangers dans un fond de Paysage. Ils viennent de la Collection de Monseigneur le Prince de Conti.

882 Un Dessin colorié, représentant une Ménagerie par Freudeberg.

883 Un Opérateur distribuant ses drogues sur un théâtre, peint à gouache, par un Artiste Flamand.

883 *bis*. Deux Dessins, l'un à la plume lavée de bistre, par Sébastien Bourdon; l'autre à la pierre noire, par Laurent de la Hire,

représentant la Vierge, l'Enfant Jésus, & Sainte Catherine.

884 Deux très-beaux Dessins, par Charles de la Fosse, lavés au bistre; l'un représentant un Repos de Diane au retour de la Chasse; l'autre, Clitie changée en Tournesoi. Ils viennent de la Collection de Monseigneur le Prince de Conti.

884 *bis.* Cinq grandes compositions, Sujets d'Histoire, dessinées à la pierre noire par Verdier.

885 Deux autres Dessins sur papier bleu, par le même; l'un représentant la Visitation de la Vierge, l'autre son Assomption.

886 Trois Sujets de Batailles, par Parocel & autres.

887 Cinq Dessins à la plume, & lavés à l'encre de la Chine, par la Joue.

888 Deux beaux Paysages faits d'après nature, par J. B. Oudry: ils sont lavés au bistre & rehaussés de blanc sur papier bleu, & viennent de la Collection de Monseigneur le Prince de Conti.

889 Quatre Dessins & une contr'épreuve à la sanguine, sur papier blanc, par Gillot, avec les quatre Estampes qui ont été gravées d'après, sous le titre des Fêtes à Diane, Bacchus, Pan & Faune. Ils viennent de la Collection de M. d'Argenville.

890 Trois Sujets coloriés, par Marot, Lallemand, &c.

891 Deux Dessins à la sanguine, sur papier

blanc ; par François Boucher : l'un est une belle Etude de Tête de Vierge qui a été gravée ; l'autre, un fragment de composition.

892 Une grande composition à la plume lavée au bistre, par Louis de la Rue, représentant une Fête de Divinités Payennes.

893 Une grande composition à la plume & très-capitale, par le même, représentant une Marche de Bacchus & de Silene, accompagnés de Bacchantes.

894 L'Enlevement des Sabines, grande composition dessinée à la plume sur papier blanc, & deux autres sujets par le même.

895 Deux autres grandes compositions, dont un Sacrificateur de Priape, & une multitude d'Enfans, dessinés à la plume, par le même.

896 Trois autres Dessins à la plume, dont deux Sujets militaires, légerement coloriés.

897 Trois Vues différentes, dont deux par Silvestre, lavées au bistre, sur papier blanc.

898 L'Intérieur d'une Ferme par Jean-Baptiste Huet. Ce morceau, orné de figures analogues au sujet, est légérement colorié sur papier blanc.

899 Un Dessin au crayon noir & blanc rehaussé de rouge, dont le sujet est le le Miroir cassé, très-bien rendu par un

Graveur, d'après M. Greuſe qui paroît avoir retouché la tête de la femme.

900 Deux Deſſins, Etude par M. le Prince, dont le Vieillard Ruſſe, à la ſanguine ſur papier blanc.

901 Un Deſſin coloré dans le genre de M. le Prince, repréſentant l'intérieur d'une chambre où l'on voit une cérémonie qui ſe pratique en Ruſſie à l'égard des nouvelles Mariées.

902 Un Deſſin à la ſanguine par P. Loutherbourg, repréſentant un Berger aſſis & gardant deux moutons.

903 Deux jolis Deſſins, Architecture & Payſages, par M. Boucher fils.

904 Deux autres Deſſins par le même, légerement coloriés.

905 Deux différentes Vues de Payſages, lavées au biſtre ſur papier blanc, par Louis Moreau.

906 Des Ruines d'architecture, par le même.

907 Un Sujet de Bacchanale, par Philippe Carême : il eſt peint à la gouache.

908 Un Payſage au milieu duquel paſſe une rivière, touché avec beaucoup de goût à la pierre noire, rehauſſé de blanc, ſur papier jaune par le May.

909 Deux beaux Payſages ornés de figures, deſſinés à la pierre noire & eſtompés ſur papier blanc, par M. Desfriches d'Orléans.

910 Deux autres Payſages touchées avec

autant de goût que les précédens, par le même.

911 Deux autres, par le même.

912 Deux autres, par le même.

913 Deux morceaux à gouaches, par J. Houel, représentant différentes Vues de Paysages : dans l'un est un homme à cheval qui parle à une femme, & dans l'autre sont deux mulets chargés & leur conducteur.

914 Deux grands Dessins très-capitaux touchés à la plume & au bistre, sur papier blanc, par M. Sarrasin, représentant des Vues prises dans la forêt de Chantelou : ils sont l'un & l'autre enrichis de jolies figures.

915 Un riche Paysage colorié par le même.

916 Deux autres Vues de Paysage & chaumières dessinées d'après nature, lavées à l'encre de la Chine sur papier jaune, par le même.

917 Deux autres idem, sur papier blanc.

918 Un autre, representant un effet de nuit entièrement dessiné au crayon blanc, sur papier brun, par le même.

919 Trois autres, idem, dont un coloré.

920 Cinq autres, dont deux coloriés, faits d'après les Ruines de l'incendie du Palais à Paris, par le même.

921 Deux autres, d'un beau faire ; l'un représentant une forêt, l'autre une voûte & de

des rochers, lavés à l'encre de la Chine, sur papier blanc, par le même.
922 Une belle Académie, à la sanguine, par Vassé, d'après l'antique.
923 Deux Paysages lavés au bistre, sur papier blanc, l'un représentant deux chaumières, l'autre l'intérieur d'un Village, par un Artiste moderne.
924 Un joli Dessin à la pierre noire sur papier blanc, par Moitte, représentant des Ruines d'un ancien Temple, où des Vestales vont faire un Sacrifice.
925 Deux Dessins, Paysage & Ruines à la pierre noire rehaussée de blanc, sur papier bleu, par C. Camus.
926 Trois autres de même, à la sanguine, sur papier blanc, par Echard.
927 Deux Paysages, avec figures & animaux, dessinés à la plume & au bistre sur papier blanc, par C. L. Carpentier.
928 Deux différentes Vues de Jardins ornés de figures & statues, sur papier blanc, & coloriées par Chirou.
929 Deux dessins à la plume & coloriés, par Moénart: l'un représente une Vue du Monastere de Longchamp; l'autre celle d'une partie de l'Eglise de Montreuil. Ils sont ornés de figures.
930 Deux grands dessins d'architecture d'un bel effet, à la plume & légerement coloriés: ils paroissent avoir été faits pour un Projet de décoration.

931 Deux autres deſſins à la plume & coloriés, repréſentant des Payſages avec des Ruines d'architecture, par un Artiſte moderne.

932 Un Bouquet de fleurs dans un Vaſe, Etude peinte à l'huile ſur papier colé en deſſin.

933 Vingt deſſins, dont une grande Etude de Soldat, peinte à l'huile par Caſanove.

934 Vingt autres deſſins de différens Maîtres.

935 Quinze deſſins de Peintres Italiens.

936 Quarante deſſins, Payſages, Sujets & Académies.

937 Pluſieurs autres deſſins de bons Maîtres, montés ſous verre & en feuilles, qui ſeront diviſés dans le courant de la vente.

ESTAMPES EN FEUILLES.

938 Deux grands ſujets, d'après Zuccarelli.

939 Les quatre Parties du Monde, d'après Amiconi, & deux ſujets en cartouche.

940 Neuf Pièces, dont ſept d'après Rubens & deux d'après Jacques Jordans.

941 Douze grandes Pièces, d'après les Tableaux de Rubens étant dans l'Egliſe des Jéſuites d'Anvers.

942 La Vie de Saint Auguſtin, en vingt-huit Pièces, bonnes épreuves.

943 Cinq Pièces, gravées à l'eau-forte par Salvator Rose, dont le Duc d'Aquitaine faisant pénitence.

944 Six Pièces des Antiquités de Pesto, & sept du grand Plan de Versailles.

945 Six Pièces, trois d'après Philippe Wouvermans, & trois d'après Arnould vander Néer.

946 Sept Pièces, deux d'après Teniers, deux d'après Ostade, une d'après Brauwer, une d'après Corneille Dusart, & le Frontispice de l'Encyclopédie.

947 Dix Pièces, dont une eau forte de Rembrandt, une rare du Bénédette, deux par Corneille Schut, deux d'après Guillaume Baur, par Kussel, & les quatre Elémens d'après Buytenveg.

948 Trois Estampes en manière noire; une rare par d'Ardell d'après Rembrand, avant la lettre; le Portrait de la Mere de Rambrandt, par le même, & la Plumeuse de Volaille, d'après le même, par Houston.

949 Cinq grandes Pièces en manière noire dont deux d'après Rambrandt, & une Vierge d'après Carle Maratte, avant la lettre.

950 Sept Portraits en manière noire, par Smith, Houston & autres, dont la Comtesse d'Essex.

951 Quatorze Portraits, dont ceux de la Reine, de Monsieur, de Madame la Comtesse d'Artois, Jean-Baptiste Rousseau,

Monteſquieu, d'Alembert, Mademoiſelle Déon, & autres.

952 Six grandes pièces; le Paralytique, d'après le Pouſſin; le Pape Pie V; la Préſentation au Temple, d'après Corneille, l'original & la copie; Jéſus-Chriſt guériſſant les Malades, d'après Jouvenet, & la Madeleine aux pieds du Seigneur, d'après Coypel.

953 Les ſept Pièces de l'Hiſtoire de Saint Grégoire, d'après les Tableaux de Carle Vanloo, peints pour l'Impératrice de Ruſſie.

954 Six pièces, dont cinq Fêtes par M. Cochin, & la Statue de Louis XIV étant en l'Hôtel-de-Ville de Paris.

955 La Madeleine, d'après Blanchard, & le Saint Sébaſtien: tous deux avant la lettre.

956 Trois grandes pièces, d'après Vander-Meulen, dont deux avant la lettre.

957 Onze pièces, dont deux Vues de la Ville de Bordeaux, & neuf Plans différens du Palais de Stockolm.

958 Trois Pièces; le Médecin Ruſſe, d'après le Prince; l'Amour, d'après Greuze; & l'Amour en Sentinelle, d'après Fragonard.

959 Quatre grandes Pièces; l'Enlévement de Proſerpine, d'après Vien; l'Offrande à l'Amour, la Prière à Vénus, d'après Net-

cher; & le Jugement de Paris, d'après le Trévisan.

960 Huit Pièces; les Italiennes laborieuses, d'après Vernet; l'Escorte d'Equipage d'après Casanove; l'Abreuvoir, d'après Pillement; une Vue de Corse, d'après Loutherbourg; une Eau-forte de Diétricy; les Pêcheurs à la ligne, d'après Asselyn, & deux Marines d'après B. Péters.

961 La petite Foire, d'après Boucher, bonne épreuve; & les Baigneuses, d'après Diétricy, avant la lettre.

962 Quatre grandes pièces, dont la lumière du Monde, & les Présens du Berger, d'après Boucher; les Sermens du Berger, d'après M. Pierre, & le Triomphe de Flore, d'après le Poussin, par Fessard.

963 Plusieurs autres Estampes, qui seront divisées en différens lots.

ESTAMPES EN VOLUMES.

964 L'Œuvre de Bazan, 4 vol. grand in-fol. rel. en carton à dos de veau.

965 Le Cabinet de Crozat, 2 vol. in-folio reliés en carton.

966 Le grand Atlas, par M. Robert de Vaugondi, in-fol. relié en carton.

967 Les Loges de Raphaël au Vatican, in-fol. maximo. rel. en carton.

968 Augusta Basilica di San Marco di Venezia, in fol. maximo, rel. en carton.

969 Le Cabinet du Président d'Aguille, in-fol. rel. en carton.

970 L'Œuvre du Bourdon, & celle de Loir, gravées par ces deux Maîtres, in-fol. relié en carton.

971 Un vol. rel. en carton, contenant cent Vues de Paysages, par Israël Sylvestre, in-fol.

972 Un Livre d'Architecture & Perspective, par Bibiéna, in fol. rel. en carton.

973 Les Nations du Levant, représentées en cent Planches, in-fol. relié en carton.

974 Le Livre du Dessin, par Gérard Lairesse, in fol. rel. en carton.

975 Une Suite de cinquante Paysages gravés par Sadeler, in-fol.

976 Le Cabinet de M. le Duc de Choiseul. Un vol. in-4°. rel. en veau écail. doré sur tranche.

977 Les Fables de la Fontaine, 4 vol. in-fol. supérieurement enluminées dans les Planches & les Vignettes; reliés en maroquin rouge doré sur tranche.

978 Les mêmes, sans être enluminées, 4 vol. in-fol. grand papier, veau écail. & filets, dorées sur tranche.

979 Les mêmes, papier ordinaire, conditionnées comme les précédentes.

980 Les Fables de la Fontaine, gravées par

Fessard, 6 vol. in-8°. reliés en veau, & filets, dorés sur tranche.

981 Les Trois Regnes de la Nature, avec les doubles Planches enluminées, par M. Buchoz, dix cayers in-fol.

982 Les Plantes & les Fleurs les plus rares de la Chine, enluminées : dix cayers in-fol.

983 L'Histoire des Plantes, en 18 volumes in-fol. brochés en cart. par le même, dont douze de Planches, & six de Discours.

SCULPTURES.

TERRES CUITES.

984 Un Bas-relief, en terre cuite, par Clodion. Il représente la femme d'un Satyre endormie : elle a la main droite appuyée sur l'urne d'un Fleuve ; elle embrasse de la gauche un petit Satyre qui tient une grape de raisin.

985 Un Bas-relief, en terre cuite, de forme ronde, représentant une femme qui verse du vin dans une coupe que tient un enfant assis près d'une jeune fille qui joue de deux chalumeaux.

BRONZES ANTIQUES.

986 Le Temple de Cibele entouré des Divinités Egyptiennes ; la Déesse en sort dans son char tiré par des Lyons. Ce bronze est sur un pied de marbre blanc. H. 11 p.

987 Trois figures de Mercure ; l'Egyptien, le Grec, & le Gaulois.

988 Deux figures, Jupiter & Vénus Egyptienne.

989 Trois figures ; un Jupiter Egyptien, & deux Chittes.

990 Deux autres figures antiques de Jupiter tenant la foudre.

991 Deux figures, Silene & une Bacchante.

992 Deux figures, une Prêtresse d'Isis, & Pâris tenant la pomme.

993 Orphée enchantant Cerbere : le Lion de la Forêt de Némée.

994 Deux figures d'Athletes Romains.

995 Deux Soldats Romains, dont un est armé de toutes pièces.

996 Trois autres figures antiques, dont un petit Antinoüs.

997 Hercule tuant l'Hydre avec sa massue. H. 15 p. sans le pied de bois noirci.

998 Deux Bustes antiques d'Empereurs Romains, dont les yeux sont en argent. Ils viennent du Cabinet de M. le Duc de Tallard, & sont sur des pieds de marbre noir. H. 12 p.

BRONZES MODERNES.

999 Un petit bronze dans le coſtume du quinzième ſiècle, repréſentant une Princeſſe à genoux, vêtue d'un long manteau.

1000 Un très-beau bronze, fait par le Padouan, d'après Michel*ange*, repréſentant Moyſe tenant le Livre de la Loi. Il vient du Cabinet de M. le Duc de Saint Aignan. H. 17 p.

1001 Un joli Amour, en bronze, d'après François Flamand, & bien réparé: il eſt debout, portant ſon arc & ſes fleches: ſur un pied de marqueterie, garni de bronze. H. 17 p. ſans le pied qui porte 5 p.

1002 Un joli Enfant, d'après le même, couché & endormi. Ce morceau, parfaitement réparé, eſt ſur un ſocle fondu du même jet, & placé ſur un autre ſocle de marbre blanc.

1003 Deux beaux groupes en bronze, faiſant pendant. L'un repréſentant l'Enlévement de Déjanire par le Centaure Neſſus; l'autre l'Enlévement d'une Nymphe par un homme nu à cheval. H. 16 p. ſans y comprendre de riches ſocles en bronze, dorés d'or moulu portant 4 p.

1004 L'Enlevement de Proſerpine, d'après Girardon, composé de trois figures. Ce morceau auſſi parfaitement réparé que les précédens, eſt ſur un beau pied de bronze doré d'or moulu, & porte 19 p. de h. ſans le pied.

1005 Deux très-belles figures, en bronze, ſur des pieds de marqueterie garnis de bronze. L'un repréſente Saturne qui dévore ſes enfans; l'autre, Neptune irrité, ou le *Quos Ego*. H. des figures, 18 p.

1006 Deux Bronzes en pendant, & d'une belle réparation, ſur des pieds de même, dorés d'or moulu; l'un repréſente Vénus aſſiſe au pied d'un palmier, tenant de ſa main gauche une draperie qu'elle éleve ſur ſa tête: l'Amour debout tenant en main ſon flambeau, eſt à côté d'elle; au bas du palmier ſont ſes deux colombes. L'autre Bronze eſt une Vénus debout ſur une coquille ſupportée par deux dauphins; elle tend ſa main droite à l'Amour; à ſes pieds eſt un cigne. H. 22 p. ſans les ſocles.

1007 Deux autres Bronzes en pendant, ſur de riches terraſſes de bronze doré d'or moulu; l'un repréſente Vénus aſſiſe ſur un rocher, & prenant les fleches à l'Amour, qui eſt debout & tient ſon arc; l'autre, Pſiché tenant une lampe, & reconnoiſſant à ſa lueur l'Amour endormi; ces deux beaux morceaux ſont également bien exécutés dans la partie des chairs & dans celle des draperies. Ils portent chacun 18 p. de haut.

1008 Deux figures de Vénus, l'une dite la

Vénus pudique ou la Vénus de Médicis, l'autre la Vénus aux belles fesses: ces deux Bronzes bien terminés sont sur des socles de même dorés d'or moulu, & portent chacun 22 p. & demi de haut.

1009 Une figure de Diane allant à la chasse, d'un travail recherché; elle est vêtue d'une draperie retenue par une ceinture: elle prend d'uue main une fleche dans son carquois; l'autre paroît appuyée sur un cerf qui court: elle est posé sur un riche pied de bronze doré. H. de la figure 25 pouces.

1010 Deux figures en pendant; l'une est celle de la Vénus pudique; l'autre celle d'Antinoüs H. 20 p.

1011 Un beau groupe de deux figures artistement réparé, représentant les deux Lutteurs: il est sur un riche socle de bronze doré. H. 13, l. 14.

1012 Deux groupes sur des pieds de marbre noir; l'un représente le combat d'un taureau par un homme à cheval armé d'une lance; l'autre, l'attaque d'un Lion par un Africain à cheval. H. 12 p.

1013 & 1014 Quatre belles figures en bronze par le Cavalier Bernin, sur des pieds de bronze doré; elles caractérisent la Joie, la Tristesse, la Santé & la Médecine: ces morceaux, qui seront vendus deux à deux, viennent de la Collection de M. Blondel de Gagny. H. 13 p.

1015 Quatre bronzes très-distingués posés sur des pieds de marbre blanc ; ils représentent les quatre parties du Monde, sous la forme de quatre femmes qui ont chacune les attributs distinctifs de la partie du globe qu'elles désignent. Ils portent de 13 à 15 pouces de hauteur.

1016 Vénus couchée & allaitant l'Amour. Ce joli Bronze a 9 pouces & demi de haut ; il est sur une terrasse de bronze doré.

1017 Deux morceaux en bronze, composés de plusieurs figures : l'un est une Chasse au Sanglier, l'autre une Chasse au Cerf. Ils sont sur des pieds de marqueterie.

1018 Une belle Tête de jeune Homme sur son pied de bronze : elle vient des fouilles de Rome & paroît antique.

1019 La Statue équestre d'Henri IV, très-bien modelée & réparée, sur un pied de marqueterie de Boule. Elle porte 19 p. de haut, compris le socle.

1020 Deux Bustes en bronze de grandeur naturelle, par un très-habile Artiste du dernier siècle, représentant Louis XIII & Anne d'Autriche. H. 23 p. Ils sont sur des pieds d'ouche de marbre noir, qui ont 6 p. de haut.

1021 Le Buste de Marie-Thérèse d'Autriche, Reine de France ; elle est vue presque à mi-corps, coeffée en boucles flottantes, & ajustée du manteau royal. Ce morceau d'un excellent Artiste, est sur un pied d'ouche d'ancien marbre tirant ſur le verd. H. 15 p.

1022 Une Femme aſſiſe ſortant du bain & peignant ſes cheveux. H. 5 p. & demi, ſans ſon pied de bois noirci.

1023 La même figure ſur un ſocle de marbre blanc.

1024 Une figure d'Amphitrite; ancien Bronze ſur pied de bois de roſe. H. 9 p.

1025 Deux Bronzes en pendant, l'un repréſente une Nymphe nue qui paroît ſortir du bain, & qui a ſes pieds poſés ſur un dauphin. L'autre eſt un Antinoüs; ils ſont ſur des pieds d'ébene. H. 14 p.

1026 Un très-beau Bronze par M. Couſtou, repréſentant S. Jean-Baptiſte portant ſa croix de Précurſeur. Il a ſon mouton auprès de lui. H. 19 p.

1027 Le Laocon en bronze du grand modele, réparé avec le plus grand ſoin, & fait d'après l'antique; il eſt ſur un pied de marqueterie garni de bronze doré. H. 26 p. l. 21 p. & demi.

1028 Deux groupes de bronze, artiſtement réparés & de la plus belle couleur, compoſés chacun de trois figures; l'un eſt l'Enlevement d'une Sabine, par Jean de Bologne; l'autre celui de Proſerpine, par François Gérardon. Ils ſont auſſi du grand modele, & viennent de la Collection de M. Blondel de Gagny. H. 20 p. ſur des pieds de bronze dorés, d'un bon genre.

1028 *bis*. Deux bronzes, d'après l'antique, en pendant, bien réparés & du grand modèle; l'un est la Vénus accroupie, h. 14 p. l'autre le Rotator, h. 12 p. & demi; sur leurs socles de même bronze.

1029 Un Taureau en Bronze, sur un pied de bois doré.

1030 Une Sibylle tenant le livre des Oracles. H. 9 p.

1031 La figure de Momus, en bronze doré d'or moulu, de même que son pied. H. 15 p.

1032 Le même Bronze non doré.

1033 Un Pélerin Chinois & une Pélerine de la même Nation. H. 8 p.

1034 Le Buste du grand Dauphin couronné de lauriers, sur son pied de bois doré. H. 5 p. & demi.

1035 Le même Bronze.

1036. Deux figures en bronze, dont l'une représente un Berger, & l'autre, qui est antique, une Vestale.

1037 Un Soldat Romain nu & armé de son sabre, sur un pied de bois doré. H. 8 p.

1038 Deux figures de Femme vêtues à la Romaine, l'une représente la Navigation; l'autre le tems de la récolte des vins. H. 5 p. & demi.

1039 Deux autres figures de Femmes dans le costume grec, de même grandeur que les précédens.

1040 Une figure de Diane tenant son arc

& une fleche, ſur un pied de marqueterie. H. 11 p.

1041 La figure du Dieu Mars en bronze, ſur pied de bois noirci. H. 11 p.

1042 Deux petits Buſtes d'Empereurs Romains ; en bronze doré.

1043 Un Lion accroupi, ayant une de ſes pattes appuyée ſur un globe. Ce morceau fait en forme de pierre à papier, eſt en bronze doré.

1044 Un Cheval allongé & galopant : ſur pied de bois noirci.

1045 Un autre Cheval en bronze, ſur une terraſſe de même.

1046 La Chevre Amalthée : ſur un pied de marqueterie de Boule.

1047 Deux jolis Lévriers en bronze ſur des ſocles dorés de même métail.

1048 Un grand Bas-relief de bronze doré, repréſentant une forêt où Diane ſe repoſe au retour de la Chaſſe : elle eſt appuyée ſur un chien, & a près d'elle un cerf apprivoiſé ; deux de ſes Nymphes ſont aſſiſes ſous un arbre : ce morceau eſt très-bien fini. H. 11 p. l. 39.

1049 Deux Bas-reliefs en bronze dans des bordures pareilles, repréſentant des Batailles de Louis XIV, telles qu'elles ſont au piédeſtal de la Statue qui eſt à la place des Victoires.

1050 Deux autres Bas-reliefs, dans des bordures de bronze, représentant l'un Diane aux bains : l'autre Vénus sortant de la mer.

1051 Deux Bas-reliefs en bronze, de forme ronde. L'un représente Apollon poursuivant Daphné ; l'autre, Jupiter sous la forme de Diane, assis auprès de Calisto. 7 p. & demi de diametre.

1052 Deux autres, de même forme & grandeur, dont les sujets sont tirés de l'Arioste.

1053 Un Bas-relief de bronze, représentant l'Adoration des Bergers. H. 5 p. l. 7 p. & demi.

1054 Un autre, représentant Saint Jean-Baptiste enfant jouant avec son mouton. H. 4 p. & demi.

1055 Un Miroir Chinois de bronze de forme ronde.

1056 Un grand Médaillon quarré, représentant Louis XIII enfant, entouré des Médaillons des douze Césars. H. & l. 5 p. & demi.

1057 Un grand Médaillon en potin, frappé à l'occasion du mariage d'Henri IV avec Marie de Médicis ; dans sa bordure. 6 p. de diametre.

1058 Six Médailles de grand bronze, trois de Louis XIV, deux de Louis XV, dont celle de son Mariage ; & une de Louise-Adélaïde d'Orléans.

1059 La Médaille du Cardinal de Fleury, en

en grand bronze, & celle de Socrate en métail blanc.

1060 Deux Médailles de grand bronze: l'une, frappée à l'occasion de la construction de l'Eglise de Saint Louis en la Ville de la Rochelle; l'autre pour le nouveau Bâtiment de la Monnoie à Paris.

1061 Le Médaillon de Voltaire, en très-grand bronze doré.

1062 Ttois bordures de bronze doré, propres à mettre des mignatures.

YVOIRES.

1063 La Madeleine embrassant le corps de Jésus-Christ, attaché à la croix qui est plantée sur un rocher orné des attributs de la Passion. Ce morceau est très-précieusement exécuté.

1064 Le Modele très fini, en bois, du même ouvrage.

1065 Deux figures grotesques, homme & femme, sur pieds également en yvoire.

MOSAIQUE.

1066 Une Erigone couronnée de pampres, & tenant un raisin à sa main; elle est couverte d'une draperie exécutée en lapis. Ce morceau de forme ovale, fait par un excellent Artiste, d'après le Tableau de

Pierre de Cortonne, vient du Cabinet de Monſeigneur le Prince de Conti, N°. 1305. Il eſt dans une riche bordure de bronze doré d'or moulu. H. 14 p. l. 16.

1067 Deux Payſages peints ſur pierre de Florence. Hauteur 3 p. 6 lign. l. 7 p.

MARBRES ANTIQUES ET MODERNES.

1068 Un Enfant riant, tenant de la main gauche un oiſeau, & de l'autre un fruit; il eſt aſſis ſur une plynthe moderne, & porté ſur un grand ſocle ajuſté de rinceaux & figures d'enfans en bronze doré d'or moulu. Ce morceau de grandeur naturelle, qui vient du Cabinet de M. de Montmartel, mérite l'attention des Curieux. Hauteur totale 24 pouces.

1069 Vénus accompagnée de l'Amour. Ce Morceau agréable, en marbre blanc, porte 25 pouces de haut.

1070 Le Buſte Antique de Jupiter Olympien, proportion de nature, ſur ſon piédouche de marbre. Il vient de la Vente après le décès de M. le Duc de S. Agnan, qui l'avoit apporté de Rome.

1071 Une Tête de Femme antique de marbre de Paros, ſur un piédouche de Brocatel. Hauteur 15 pouces, ſans le pied.

1072 Un Buſte d'Empereur, en marbre blanc, ſur ſon pied de même bloc. Hauteur 15 p.

1073 Deux Bas-reliefs en marbre blanc, compoſés chacun de cinq figures d'Amours, l'un repréſente les quatre Elémens, & l'autre les cinq Sens. Ils ſont dans des bordures dorées. Hauteur 12 pouces, largeur 18.

1074 Un petit Bas-relief de forme ronde, repréſentant une Offrande à l'Amour par une jeune Nymphe. Diametre 7 pouces. Auſſi dans une bordure dorée.

1075 Un Mortier de Porphyre, forme de vaſe, couvert, & de bonne qualité.

1076 Deux autres Vaſes, auſſi forme de mortiers de même matière, couverts & vuidés en-dedans; taillés à goudron en-dehors, & orné de bronze doré.

1077 Deux Vaſes d'albâtre d'Angleterre, tirant ſur l'améthyſte, vuidés, ornés de têtes de béliers, gorge à gaudrons & filets de perle, avec culots de bronze doré.

1078 Un autre Vaſe de même matière, forme oblongue, orné de gorge, anſes quarrés à têtes de femmes, draperies & nœuds formant guirlande ſur pieds-d'ouche garnis de culots & plynthe carrés; le tout doré. Il peut faire milieu aux deux autres.

1079 Deux Vaſes de marbre canelés, couverts & vuidés; ils ſont d'un grand volume

1080 Deux Vases de marbre blanc, & sur plinthe carrée de marbre noir.

1081 Deux Vases de composition garnis de boutons à pomme de pin, d'anses quarrés, guirlandes, gorges & culots, sur plynthe carrée de bronze doré.

1082 Deux Vases de pierre de Tonnerre cannelés, bandeau à feuilles de lierre sur piédouche de même matière.

PORCELAINES ANCIENNES DE LA CHINE.

1083 Un Vase de porcelaine de la Chine, fond bleu turquin, à sujets de chimere, demi-reliefs & tiges à feuillages fond bleu orné de gorge à gaudron, anses carrés ceintrées du haut, mascarons à tête de femmes sur piédouche à culots, baguettes à feuilles de laurier & plynthe carrée de bronze doré. Ce morceau vient de la Vente de Madame de Pompadour.

1084 Deux grands cornets de porcelaine de la Chine, fond Céladon, tracés à petits dessins, cartouches à modeles & arbrisseaux ornés de gorges à feuilles de lauriers, têtes de béliers & guirlandes sur tors canelés, baguettes à feuilles de laurier & plynthe à huit pans; le tout de bronze doré. Un troisième formant le milieu à grosse panse, cartouches en éventail, & pareillement décoré que les précédens.

1085 Deux Vases fond vert de porcelaine de la Chine, forme d'urne, orné de gorge à gaudron & bandeau en chaînons, draperie formant guirlande, avec glands, pieds à trois consolles enrichies de baguettes, canelures & guirlandes; le tout de bronze doré.

1086 Deux Vases de même porcelaine de ton clair, couleur lapis, ornés de gorges & forts rinceaux d'ornement formant anses, boutons à pommes de pin, sur pieds à quatre supports & coquilles de bronze doré.

1087 Trois Vases de porcelaine craquelée, forme de lisbet, à chimeres de relief prises dans la porcelaine, ornés tous trois de gorges à baguettes, anses contournées à forts rinceaux, sur pieds à quatre supports, & coquilles de bronze doré.

1088 Un Pot-pourri d'ancienne porcelaine ventre de biche à dessins bleu & vert, garni d'un pied à trois griffes de lion gorge au milieu, avec muffle de lion, anneaux & chaînes de bronze doré. Il vient de la Collection de M. de Gagny. H. 18 p.

1089 Deux autres Vases faits de deux bouteilles de terre de Perse, fond bleu, formant pot-pourri, aussi ornés de bronze doré.

1090 Quatre Plats de Porcelaine de la Chine, de différente grandeur, & coloriés.

1091 Deux Lions d'ancienne Porcelaine, montés sur des pieds de bronze doré.

1092 Quatre grandes Bouteilles à long col d'ancienne Porcelaine violet foncé, rehaussée en or.

1093 Deux Hiboux de très-ancienne porcelaine brune.

1094 Les Bustes de Voltaire & de Rousseau en Biscuit de Seve, sur des pieds de même.

MEUBLES DE LAQUE.

1095 Une Cassette d'ancien laque du Japon, fond noir, paneaux à sujets de châteaux, & arbrisseaux en or, demi-relief, ornée d'équiere, mains & entrée de bronze doré, fond aventurine en dedans, contenant un grand plateau, aussi aventurine; l'abatant fond noir enrichi de deux cicognes en or de relief; elle vient du Cabinet de Madame la Marquise de Pompadour.

1096 Un Cabinet de laque ouvrant à deux battans, enrichi de paneaux à sujets de même genre que l'article précédent, & garni d'équieres & entrées de bronze doré; les tiroirs fond aventurine en dedans, & les paneaux aussi à sujets. Sur l'intérieur des portes orné de bouteilles à modeles bien conſervées, d'où ſortent des fleurs. Ce morceau eſt placé ſur un pied de bois doré.

1097 Deux Paravents à ſix feuilles de laque de la Chine, fond noir, à ſujets de Pagodes, Châteaux & Chimeres, demi-reliefs.

MEUBLES DE BOULE.

1098 Une très-belle Armoire en marqueterie première partie, fond écaille, contournée, à pilaſtres canelés, terminée du haut en dôme, corniche ceintrée ſurmontée d'un écuſſon, accompagné de deux figures allégoriques couchées, de deux trophées de muſique, & de deux vaſes placés ſur les pilaſtres du fond, comme les trophées ſur ceux du devant; les portes ceintrées du haut formant pilaſtre au milieu, enrichies de ſix paneaux de marqueterie, encadrés de moulures & équières faiſant cartels; les quatre grands décorés de figures en bas-reliefs allégoriques aux arts, les chans à fleurons, les côtés auſſi à panneaux ouvrant en trois parties, & ornés pareillement de moulures & cartels; l'intérieur des deux grandes portes plaquées en ébene, l'Armoire garnie de tiroirs & tablettes, le pied ceintré du bas à carderons & ſupports de groupes de dauphins & dragons.

1099 Une Table de griotte d'Italie, long. 4 pieds, profondeur 2 pieds 3 pouc. & demi, ſur pieds à quatre gaînes de marqueterie, première partie en cuivre & étaim, garnie d'un tiroir, panneau fond écaille, chapiteau orné de plates-blandes, têtes de bélier, pieds à gorge, avec entrejambes auſſi de marqueterie, ſur quatre boules à calottes : le tout de bronze doré.

1100 Une autre Table de marqueterie, contrepartie dont le deſſus orné d'un grand panneau fond écaille, à fleurs & feuillages de différentes couleurs, avec carderons, à quatre conſoles ornées de riches têtes de femmes en cariatides à rinceaux formant chapiteau; le panneau du tiroir d'écaille fond bleu & étaim, enrichi de cartels & moulures en bronze doré; l'entrejambe auſſi de marqueterie.

1101 Une caſſette de même genre d'ouvrage, garnie en dedans en bois de rapport.

1102 Une Toilette auſſi de Boule, compoſée de quatre grandes Boëtes, dont deux à huit pans, deux quarrées, & un grand Miroir auſſi de marqueterie.

1103 Un petit Cabinet à cinq tiroirs.

1104 Un Moulin à caffé, de même marqueterie, en forme de coffret, garni en argent.

1105 Deux Girandoles à trois branches,

composées d'un fût de colonne orné de guirlandes, surmonté d'un vase formant bobeche & éteignoir, sur plinthe triangulaire, aussi de bronze doré.

1106 Un fort Feu à vase orné de guirlandes & piédestal à recouvrement & cassolettes, avec sa garniture de pelle & tenailles ornées de boutons de bronze doré.

1107 Un Fusil à vent, garni en argent.

1108 Un Gobelet de corne d'Elan, garni en argent doré, & travaillé dans l'Inde.

1109 Une Montre de Berline dans une double boëte d'argent, dont une est ornée de figures en demi-relief : elle est à quarts, à réveil, à silence, à sonnerie, à répétition & à quantième : elle est en bon état.

BAGUES, PIERRES FINES, ET PIERRES GRAVÉES.

1110 Une Bague montée d'une belle tête en camée onix.

1111 Une Bague montée d'un œil de Chat avec des accidens singuliers.

1112 Une grande Amétiste d'une très-belle couleur sans défaut.

1113 Un grand Pérido.

1114 Un Grenat cabochon d'un très-grand volume, chargé d'une glace.

1115 Une Topaſe de Bohême, en forme de poire, d'un volume très-conſidérable.

1116 Une grande Pierre gravée en creux ſur un beau jaſpe ſanguin, repréſentant une femme armée d'arc & de fleches.

1117 Une grande Agathe onix antique, gravée en creux, repréſentant un Sacrifice.

1118 Deux belles Têtes gravées en creux; l'une de femme ſur grenat, l'autre d'homme ſur cornaline de vieille roche.

1119 Quatre Pierres gravées en creux, ſur jaſpe ſanguin & lapis: deux ſont antiques.

1120 Trois pierres gravées en camée, dont une belle Tête d'Enfant ſur Agathe-onix, & une autre Onix gravée en creux.

1121 Huit Cornalines gravées en creux, dont quatre Buſtes de Femme, & quatre Têtes d'Homme.

1122 Huit autres Têtes gravées en creux, ſur Cornaline, Sardoine & Pierre d'Iris, dont deux antiques.

1123 Huit petites Cornalines de vieille roche, & antiques, gravées en creux, dont quatre ſont des Têtes.

1124 Neuf autres Cornalines, repréſentant des Sujets divers, & dont la plus grande partie eſt antique: elles ſont gravées en creux.

1125 Douze autres Cornalines gravées en creux.

PIERRES GRAVÉES A ROME.

1126 Deux Agathes Sardoines; l'une représente Athalante, & l'autre un Mercure.

1127 Un Caillou, représentant une Lucrèce; & un autre de Jaspe universel, sur lequel est gravé un Orphée.

1128 Un Mercure représenté sur une Sardoine, & une autre figure allégorique.

1129 Une Muse couronnant Apollon, aussi sur Sardoine, & un Vulcain sur pierre de même sorte.

1130 Le Dieu Mars, représenté avec les attributs qui le caractérisent aussi sur Sardoine.

1131 Huit Agathes arborisés.

1132 Trente-deux pièces, dont trois grandes compositions, cinq Têtes gravées sur Coquilles, & vingt-quatre Têtes en camée en porcelaine de Séve, d'après les pierres gravées du Cabinet du Roi.

1133 Divers autres Objets qui seront détaillés dans le cours de la Vente.

FIN.

Lu & appr. ce 19 Oct. 1779. DE SAUVIGNY.

Vu l'Approbation, permis d'imprimer, ce 19 Oct. 1779. LE NOIR.

De l'Imprimerie de PRAULT, Imprimeur du Roi, Quai de Gêvres.

ERRATA.

Page 1, Pierre Vannuti, *lisez* Vannucci.

20, N. 81, dit le Bacici, *lisez* dit le Bachique.

22, N. 89, Launoy, *lisez* Lannoy.

28, ligne 4, Jodolus, *lisez* Jodocus.

44, ligne 1, Vertaerghen, *lisez* Vertanghen.

48, N. 200, Van-Rtn, *lisez* Van-Ryn.

71, lig. 3, loquelle, *lisez* laquelle.

102, lig. 24, par le, *lisez* par la.

103, lig. 26, la dernière teinte, *lisez* la demie-teinte.

107, lig. 2, la dernière, *lisez* la demie.

148, lig. 16, Subeyras, *lisez* Subleyras.

151, lig. 5, Califte, *lisez* Califto.

176, lign. 6, Vanibale, *lisez* Vanbale.

www.ingramcontent.com/pod-product-compliance
Lightning Source LLC
Chambersburg PA
CBHW071637200326
41519CB00012BA/2335
9782013511018